BILEIQI DIANXING GUZHANG ANLI FENXI

避雷器典型故障案例分析

《避雷器典型故障案例分析》编委会 编

中国电力出版社
CHINA ELECTRIC POWER PRESS

内容提要

为了总结避雷器设备故障处理经验，提高对避雷器故障的分析研判能力，提升避雷器运行维护管理水平，国家电网有限公司设备管理部组织编写本书。

本书分为三章，包括避雷器因内部受潮、外部机械应力、内部应力等引发的故障案例 18 起。

本书可供避雷器运维检修人员学习使用。

图书在版编目（CIP）数据

避雷器典型故障案例分析 /《避雷器典型故障案例分析》编委会编 . -- 北京：中国电力出版社，2024.12

ISBN 978-7-5198-6398-2

Ⅰ.①避… Ⅱ.①国… Ⅲ.①避雷器—故障检测—案例 Ⅳ.① TM862

中国版本图书馆 CIP 数据核字（2022）第 001964 号

出版发行：中国电力出版社
地　　址：北京市东城区北京站西街 19 号（邮政编码 100005）
网　　址：http://www.cepp.sgcc.com.cn
责任编辑：肖　敏（010-63412363）
责任校对：黄　蓓　朱丽芳
装帧设计：郝晓燕
责任印制：石　雷

印　　刷：三河市航远印刷有限公司
版　　次：2024 年 12 月第一版
印　　次：2024 年 12 月北京第一次印刷
开　　本：710 毫米 ×1000 毫米　16 开本
印　　张：5.25
字　　数：102 千字
定　　价：45.00 元

版权专有　侵权必究

本书如有印装质量问题，我社营销中心负责退换

《避雷器典型故障案例分析》编委会

主　编　刘　兵

副主编　李　平　段　昊　杜修明　梁思聪　张立成
　　　　　杨利民

参　编　刘同宝　郑　义　陈文涛　吴天博　许广虎
　　　　　张　鹏　黄伟民　蔚　超　朱　雷　李　山
　　　　　何丹东　杨定乾　刘　磊　张　媛　公多虎
　　　　　张　飞　詹仲强　徐　鹏　颉雅迪　岳云凯
　　　　　张清川　李龙飞　韩雪峰　石　倩　石迎彬
　　　　　吴晓晖　王健一　孙尚鹏　王腾滨　李科云

前　言

近年来，随着我国电力事业的迅猛发展，设备电压等级不断升高，对过电压的防护要求也越来越严格。避雷器作为电力系统重要的过电压保护器，对防止雷电过电压和多种操作过电压侵袭破坏设备、保障系统的安全稳定运行至关重要。为了总结避雷器设备故障处理经验，提高对避雷器故障的分析研判能力，提升避雷器运行维护管理水平，国家电网有限公司设备管理部组织编写本书。

本书分为三章，从避雷器内部受潮、外部机械应力以及内部应力三个方面，精心选取了 18 起避雷器故障的典型案例，详细阐述了每起案例的故障发现过程、检测方法及分析过程，以及由此总结的经验，为避雷器的日常监测、检测工作提供参考。

由于时间仓促，加之编者水平有限，书中难免有疏漏之处，敬请广大读者批评指正。

编　者
2024 年 9 月

目 录

前言
第一章 避雷器因内部受潮导致故障 ································· 1
  案例 1　220kV 避雷器因密封胶涂抹不充分导致受潮 ······················· 1
  案例 2　220kV 避雷器因浇注孔未密封导致受潮 ··························· 5
  案例 3　220kV 避雷器因硅胶浇注不严密导致受潮 ······················· 10
  案例 4　220kV 避雷器因防爆膜密封失效导致受潮 ······················· 16
  案例 5　220kV 避雷器因密封老化导致受潮 ····························· 24
  案例 6　35kV 避雷器因橡胶圈劣化导致受潮 ···························· 29
  案例 7　750kV 避雷器因内部受潮导致阻性电流偏大 ····················· 32
  案例 8　220kV 避雷器因内部受潮导致阻性电流超标 ····················· 37
  案例 9　220kV 避雷器因密封破损导致内部受潮爆炸 ····················· 40
  案例 10　10kV 避雷器因内部受潮引起异常发热 ························· 43
第二章 避雷器因外部机械应力导致故障 ···························· 47
  案例 11　750kV 避雷器因外部应力导致断裂 ···························· 47
  案例 12　110kV 线路避雷器底座引线脱落 ······························ 54
  案例 13　220kV 避雷器因引线断股导致监测数据异常 ···················· 57
  案例 14　220kV 避雷器因基础安装工艺不良导致倾倒 ···················· 60
第三章 避雷器因内部应力引发的故障 ····························· 62
  案例 15　750kV 线路避雷器因连接方式设计不合理导致电容器管脱落 ······· 62
  案例 16　220kV GIS 避雷器因内部焊接工艺不良导致内部放电 ············· 66
  案例 17　换流站避雷器阀片质量缺陷导致避雷器爆炸 ···················· 71
  案例 18　220kV 主变压器避雷器因内部阀片工艺不良导致击穿 ············ 75

第一章

避雷器因内部受潮导致故障

案例1 220kV避雷器因密封胶涂抹不充分导致受潮

一、故障情况说明

1. 故障概述

2016年9月8日，某公司变电检修室电气试验班对某220kV线路间隔避雷器开展例行试验。在拆除一次引线对避雷器进行绝缘电阻试验时，发现C相避雷器上节绝缘电阻为2000MΩ，明显小于A、B两相及C相下节的100 000MΩ，绝缘特性明显降低。将该节避雷器拆除并移至地面，测试其直流1mA参考电压U_{1mA}及$0.75U_{1mA}$下的泄漏电流，结果显示U_{1mA}小于正常相数值并与交接试验值相比误差超过5%，且$0.75U_{1mA}$下的泄漏电流大于50μA，超出相关标准要求；初步判断该节避雷器内部存在受潮，决定将C相避雷器解体检查。

2. 故障设备基本情况

故障相避雷器型号为Y10W-204/532W，直流参考电压不小于296kV，2011年5月出厂，2012年7月投入运行，截至此次异常已投运4年零2个月。

二、故障检查情况

1. 外观检查情况

C相避雷器上节如图1-1所示。通过对C相避雷器上节外观进行检查，未发现异常。

2. 解体检查情况

技术人员打开异常节避雷器上部密封法兰后，检查发现避雷器上部法兰基座、O型橡胶密封圈内、上部密封法兰内壁有锈蚀痕迹，分别如图1-2和图1-3所示。

图1-1 C相避雷器上节

避雷器典型故障案例分析

图1-2 密封法兰正立俯视视角

图1-3 上部密封法兰内壁

在拆除上部密封法兰过程中，发现内圈螺钉无锈蚀痕迹，外圈螺钉下部有锈蚀痕迹，如图1-4所示。在拆除过程中，有类似酒精的刺鼻气体喷出，且可以看到避雷器内部底部留有棕色液体，如图1-5所示。避雷器上节下部密封法兰拆除后看到其内也有锈蚀痕迹，如图1-6和图1-7所示。

(a)　　　　　　　　　　　　(b)

图1-4 外圈螺钉和内圈螺钉
（a）外圈螺钉；（b）内圈螺钉

图1-5 避雷器底部液体

图1-6 下部密封法兰外壁

2

图 1-7　下部密封法兰内壁

将 C 相避雷器下节上部密封法兰打开，并与上节上部密封法兰进行对比，可以明显看到下节避雷器 O 型橡胶垫与沟槽之间的密封胶涂抹充分，橡胶垫放入其中不松动；相比之下上节的密封胶涂抹较少，橡胶垫放进其中极易松动。密封法兰解体图片如图 1-8 所示（左侧为上节、右侧为下节）。

图 1-8　密封法兰解体图

3. 试验检测情况

金属氧化物避雷器其核心元件是氧化锌（ZnO）阀片。氧化锌阀片具有很理想的伏安特性，通过分析全电流和阻性电流基波峰值变化情况即可判断避雷器内部是否受潮、金属氧化物阀片是否发生劣化等。

为减少周边设备可能形成耦合电容从而影响避雷器泄漏电流测试值，将该节异常避雷器拆除后移至空旷地面，并使高压引线与避雷器呈 90°夹角测试。同时，为减小避雷器表面污秽影响，测试前已将避雷器表面擦拭干净。C 相避雷器上节（异常节）各项试验数据见表 1-1。

表 1-1　　　　　C 相避雷器上节（异常节）各项试验数据

试验日期	本体绝缘（MΩ）	U_{1mA}（kV）	$0.75U_{1mA}$ 下的泄漏电流（μA）
2014.07.09	100 000	155.5	16
2016.09.08	2000	141.1	280

为保证试验数据准确，将 A、B 两相及 C 相避雷器下节以相同方式逐一再次进行试验，正常节避雷器各项试验数据见表 1-2。

表 1-2　　　　　　　　正常节避雷器各项试验数据

试验日期	检测部位	本体绝缘（MΩ）	U_{1mA}（kV）	$0.75U_{1mA}$ 下的泄漏电流（μA）
2014.07.09	A 相上节	100 000	151.1	15
	A 相下节	100 000	154.0	14
	B 相上节	100 000	156.1	13
	B 相下节	100 000	156.3	11
	C 相下节	100 000	156.1	15
2016.09.08	A 相上节	100 000	155.3	8
	A 相下节	100 000	155.6	10
	B 相上节	100 000	156.4	8
	B 相下节	100 000	155.8	8
	C 相下节	100 000	155.7	12

根据《输变电设备状态检修试验规程》（Q/GDW 1168—2013）规定，U_{1mA} 初值差不超过±5%且不低于《交流无间隙金属氧化物避雷器》（GB/T 11032—2010）规定值（注意值）；$0.75U_{1mA}$ 下的泄漏电流初值差不大于 30%或不大于 50μA（注意值）。根据以上试验数据分析，C 相避雷器上节直流 1mA 参考电压 U_{1mA} 与上次试验值相比的初值差为−9.3%，超过规程要求的±5%，$0.75U_{1mA}$ 下的泄漏电流也远大于 50μA 注意值；而相对应的 A、B 两相及 C 相避雷器下节在相同条件下的测试值均符合规程要求，因此判断 C 相上节避雷器可能存在严重受潮。

三、故障原因分析

结合相关运维经验及统计，瓷套式氧化锌避雷器受潮多是由于呼吸作用造成，该类避雷器内部空腔约占整个避雷器内部空间的50%；因此，在环境温度冷热循环及大温差地区(-40～40℃)，腔内空气膨胀或收缩形成呼吸作用（内部压力变化约34%），将会使原来存在的微小漏孔扩大，潮气逐步侵入，导致避雷器出现故障。

检查C相避雷器上节的上部密封法兰及法兰基座，发现其锈蚀情况比下部法兰更为严重，且根据外圈螺钉锈蚀情况及O型密封圈沟槽内涂胶情况，判断潮气或水分系首先进入上部密封法兰，因O型密封圈沟槽内涂胶不充分进而进入避雷器内部，导致避雷器整体严重受潮。

根据《电气装置安装工程 电气设备交接试验标准》(GB 50150—2016)，避雷器及基座绝缘电阻试验为交接试验项目，相应规定为：35kV以上电压等级，应采用5000V绝缘电阻表测量，绝缘电阻不应小于2500MΩ。而《输变电设备状态检修试验规程》(Q/GDW 1168—2013)中并未交代避雷器本体绝缘电阻为例行试验项目，仅对底座绝缘电阻提出了要求，相应规定为：底座绝缘电阻应不小于100MΩ。此次例行试验前对避雷器本体进行绝缘电阻试验，目的是初步验证其绝缘情况。通过C相上节避雷器的绝缘电阻试验结果（2000MΩ）发现，其不仅远小于相邻正常相，且小于规程注意值（2500MΩ），故初步判断存在较为严重的受潮情况。通过后续的直流1mA参考电压U_{1mA}试验、$0.75U_{1mA}$下的泄漏电流试验以及开盖解体，进一步验证了最初的判断。

四、经验总结

（1）在例行试验中，绝缘电阻试验可以对设备整体绝缘强度有快速而直观的反映；如此次避雷器严重受潮案例，通过绝缘电阻检测即可初步实现缺陷的诊断，结合停电数据的辅助分析与判断，基本可实现缺陷的有效判断。

（2）应加强对避雷器类设备数据的长期积累和分析。对运行避雷器而言，在开展设备故障分析诊断期间，应当综合考虑避雷器安装应用的环境条件，从而为避雷故障、缺陷的查找提供依据，同时也为后期缺陷的治理提供参考。

案例2 220kV避雷器因浇注孔未密封导致受潮

一、故障情况说明

1. 故障概述

2015年3月1日，某公司在开展某220kV变电站红外例行检测时，发现该站220kV I 段母线221YA相避雷器上节存在局部发热缺陷，与B、C两相相同部位最大温差达9.5K。对其进行阻性电流带电检测，全电流初值差达93.3%，阻性电流初值差达 115.1%，均远超相关标准要求，立即申请停电对该避雷器进行更换。

2. 故障设备基本情况

故障相避雷器型号为 HY10W-200/520W，2007 年 1 月出厂。

二、故障检查情况

1. 外观检查情况

将 A 相上节避雷器上部接线板拆除，发现螺栓孔及上端保护盖内部有严重锈蚀痕迹，如图 1-9 所示。

图 1-9 上端保护盖锈蚀痕迹

2. 解体检查情况

将避雷器水平放倒后，内部有积水自端盖两个浇注孔处流出，如图 1-10 所示。剖开避雷器上部，发现上部压电环锈蚀严重，如图 1-11 所示。

图 1-10 上节水平放置后自浇注孔流出积水    图 1-11 上部压电环锈蚀严重

将避雷器顶部 30cm 段截断后横向剖开，氧化锌阀片压紧弹簧、上下连接金属导电块均有锈蚀痕迹。上节避雷器顶部 30cm 段横截面如图 1-12 所示。

图 1-12 上节避雷器顶部 30cm 段横截面

对内部氧化锌阀片进行逐个检查，发现其中 4 片阀片有明显受潮痕迹，如图 1-13 所示。

图 1-13 受潮氧化锌电阻片（左）与正常氧化锌电阻片（右）对比

3. 试验检测情况

避雷器由于其非线性特性，在正常运行电压下，呈现高阻状态，因此其持续运行电流幅值很小。针对红外测温缺陷分类，该设备属于电压致热型设备，正常运行时为整体轻微发热；较热点一般在靠近上部且不均匀，多节组合从上到下各节温度递减，引起整体发热或局部发热为异常。

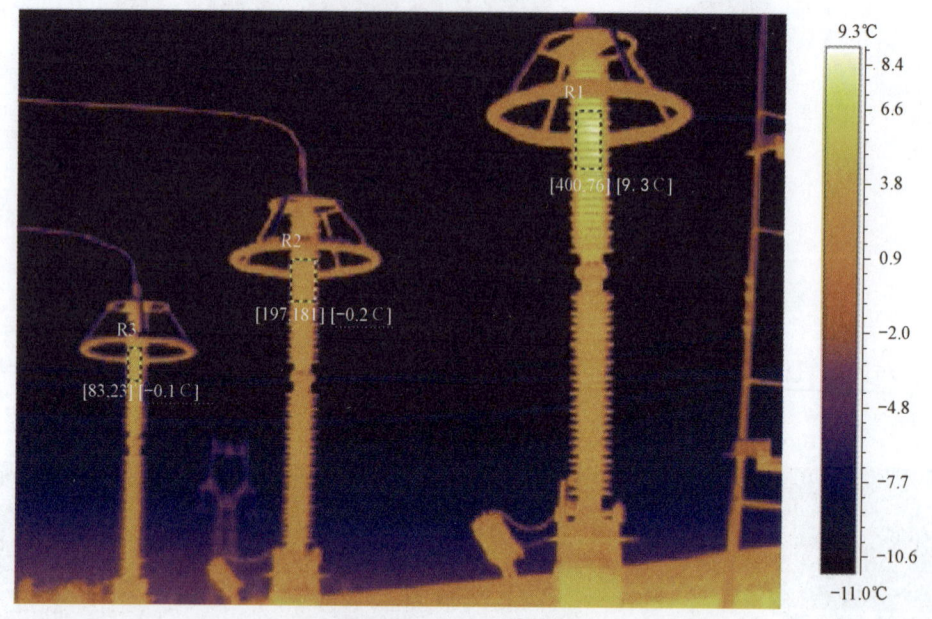

图1-14　220kV Ⅰ段母线221Y避雷器红外测温图谱

220kV Ⅰ段母线221Y避雷器红外测温图谱如图1-14所示，精确测温结果满足"较热点一般在靠近上部"的基本特征，其中A相避雷器上节发热区域最高温度为9.3℃，B、C两相对应部位最高温度分别为-0.2℃和-0.1℃，即横向对比最大温差达9.5K。根据《带电设备红外诊断应用规范》（DL/T 664—2016），A相上节与B、C两相同位置温差大于1K，且因避雷器为电压致热型设备，故判断为紧急缺陷。

检修人员随即对该母线221Y三相避雷器开展泄漏电流检测，并将检测结果与1月6日结果进行对比，检测数据见表1-3。根据《输变电设备状态检修试验规程》（Q/GDW 1168—2013），阻性电流初值差应不大于50%，且全电流不大于20%，当阻性电流增加0.5倍时应缩短试验周期并加强监测，增加1倍时应停电检查。而该起事件中221Y A相避雷器全电流初值差达93.3%，阻性电流初值差达115.1%，均超过相关标准要求，于是立即申请停电对该避雷器进行更换。

表 1-3　　　　　　　　221Y 三相避雷器泄漏电流检测数据

检测日期	相别	全电流（μA）	阻性电流（μA）	与上次全电流之差	与上次阻性电流之差
2015.01.06	A	0.45	0.053	—	—
	B	0.44	0.052	—	—
	C	0.46	0.053	—	—
2015.03.02	A	0.87	0.114	93.3%	115.1%
	B	0.47	0.051	6.8%	−1.9%
	C	0.47	0.052	2.2%	−1.9%

3 月 2 日，该公司对 220kV Ⅰ 段母线电压互感器间隔停电，对三相避雷器开展了停电试验验证，试验数据见表 1-4。根据《输变电设备状态检修试验规程》（Q/GDW 1168—2013），直流 1mA 参考电压 U_{1mA} 初值差应不低于《交流无间隙金属氧化物避雷器》（GB/T 11032—2010）规定值（注意值），$0.75U_{1mA}$ 下的泄漏电流应不大于 50μA（注意值）。A 相上节避雷器停电试验数据与带电检测结果趋势一致。试验结束后，该公司组织对该间隔 A 相避雷器进行了更换。

表 1-4　　　　　　　　221Y 三相避雷器停电试验数据

试验日期	检测部位	本体绝缘（MΩ）	U_{1mA}（kV）	$0.75U_{1mA}$ 下的泄漏电流（μA）
2015.03.02	A 相上节	300 000	134.9	62
	A 相下节	500 000	154.4	23
	B 相上节	500 000	150.9	21
	B 相下节	500 000	151.1	23
	C 相上节	500 000	151.0	26
	C 相下节	500 000	151.2	22

三、故障原因分析

正常情况下，氧化锌避雷器都会有一定量的阻性泄漏电流，它的发热量不大，此时，避雷器的红外热像图特征表现为整体均匀轻微发热，温度分布相对均匀。同一相的设备温度分布相当均匀，或者出现中部温度稍高，两端温度相对偏低。封装结构采用小型瓷套封装结构氧化性避雷器，温度最高点一般在中部偏上，且整体基本均匀；而较大型瓷套封装避雷器，最热点通常在靠近上部的位置且温度分布不均匀程度较大。一般情况下，氧化性避雷器受潮发热表现出局部发热特征，而且通常为个别元件。因此，如果避雷器出现局部温度升高或者降低，或者有其他不正常的温度分布，则可诊断为异常，并安排跟踪检测；当温差相差一倍以上时，可判定避雷器出现紧急缺陷，需要尽快处理。通过红外检测发现 A 相避雷器上节存在明显温度异常，可初步判断其为故障位置，应当尽快开展检查、消缺。

根据 A 相避雷器上节解体情况，可以看出此次故障原因为避雷器上端盖浇注孔未经任何密封处理，呈中空状态，与避雷器内部直接贯通；运行过程中水汽自顶部浇注孔进入避雷器后，在避雷器呼吸作用下进入绝缘筒内部，进而引起避雷器受潮。

四、经验总结

（1）由于避雷器设备属于电压致热型设备，对于缺陷判定温差为 0.5～1K，因此，需要定期采用精确测温对避雷器类设备状态进行诊断分析。

（2）建议在每年春季积雪融化、夏季雨水多发等极端气候时加强对避雷器红外测温等带电检测频度，提前发现故障隐患。

案例 3 220kV 避雷器因硅胶浇注不严密导致受潮

一、故障情况说明

1. 故障概述

2017 年 3 月 10 日，某检修公司在开展某 220kV 变电站带电检测时，发现 2 号主变压器高压侧 A、C 相避雷器阻性电流超标，A 相阻性电流初值差达 246.59%，C 相阻性电流初值差达 274.71%，均超过 50%；对三相避雷器进行夜间精确红外测温，发现 C 相避雷器上、下节最高温度分别为 7.6、2.5℃，上下节温差达 5.1K，相间同部位温差最高达 6.9K，远大于 1K。通过每 2h 进行一次的持续跟踪复测，发现阻性电流初值差始终稳定在较高水平，上下节温差有增长趋势，于是立即申请将 2 号主变压器停电，对高压侧三相避雷器开展停电试验。

2. 故障设备基本情况

故障避雷器型号为 HY10W-200/520W，2007 年 4 月投入运行。

二、故障检查情况

1. 外观检查情况

将 C 相上节避雷器上部接线板拆除，发现螺栓孔及上端保护盖内部有严重锈蚀痕迹，分别如图 1-15 和图 1-16 所示。

第一章　避雷器因内部受潮导致故障

图 1-15　螺栓孔锈蚀痕迹

图 1-16　上端保护盖锈蚀痕迹

2. 解体检查情况

将避雷器水平放倒后，内部有积水自端盖两个工艺孔处流出，如图 1-17 所示。拆除避雷器上顶盖发现有明显积水，如图 1-18 所示。

图 1-17　上节水平放置后自浇注孔流出积水

图 1-18　上节上端盖有积水

检查顶盖内硅橡胶填涂情况，存在浇注不均匀、密封不严密情况，分别如图 1-19 和图 1-20 所示。

图 1-19　部分区域硅橡胶未覆盖

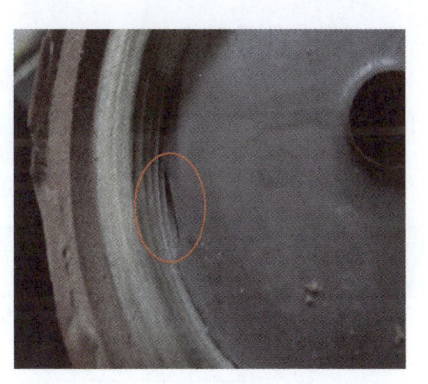

图 1-20　局部密封处硅橡胶未填充

打开避雷器绝缘外套，解体局部情况如图 1-21 所示，环氧树脂筒筒壁残留有如图 1-22 所示的水滴。压紧弹簧表面留有水渍，与之连接的金属导电块内表面存在锈蚀痕迹，分别如图 1-23 和图 1-24 所示。

图 1-21　解体局部情况

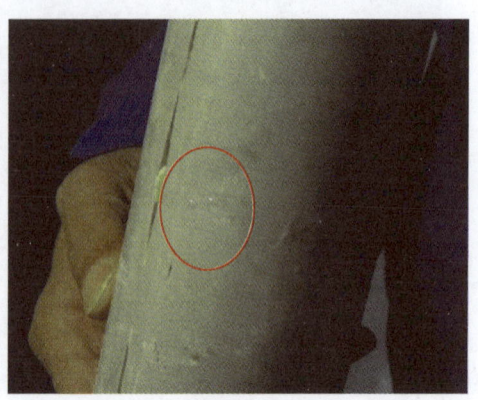

图 1-22　环氧筒筒壁残留水滴

图 1-23　压紧弹簧表面留有水渍

图 1-24　金属导电块内表面存在锈蚀

3. 试验检测情况

2 号主变压器高压侧三相避雷器泄漏电流检测与红外检测数据分别见表 1-5、表 1-6，C 相避雷器红外测温图谱如图 1-25 所示。

表 1-5　　2 号主变压器高压侧三相避雷器泄漏电流检测数据

检测时间	相别	全电流（μA）	阻性电流（μA）	与初次全电流之差	与初次阻性电流之差
2016.09.07	A	698	88	—	—
	B	666	88	—	—
	C	666	87	—	—

第一章 避雷器因内部受潮导致故障

续表

检测时间	相别	全电流（μA）	阻性电流（μA）	与初次全电流之差	与初次阻性电流之差
2017.03.11 0时	A	760	305	8.9%	246.6%
	B	649	61	−2.6%	−30.7%
	C	812	326	21.9%	274.7%
2017.03.11 1时	A	752	251	7.7%	185.2%
	B	651	57	−2.3%	−35.2%
	C	794	269	19.2%	209.2%
2017.03.11 3时	A	752	256	7.7%	190.9%
	B	652	57	−2.1%	−35.2%
	C	792	275	18.9%	216.1%
2017.03.11 5时	A	753	256	7.9%	190.9%
	B	648	57	−2.7%	−35.2%
	C	793	279	19.1%	220.7%
2017.03.11 7时	A	751	254	7.6%	188.6%
	B	650	58	−2.4%	−34.1%
	C	792	279	18.9%	220.7%
2017.03.11 9时	A	755	260	8.2%	195.5%
	B	650	57	−2.4%	−35.2%
	C	792	278	18.9%	219.5%

表1-6　　2号主变压器高压侧三相避雷器红外检测数据

检测时间	相别	上节温度（℃）	下节温度（℃）	上下节温差（K）
2017.03.10 20时	A	4.8	1.3	3.5
	B	1	0.9	0.1
	C	5.8	1.6	4.2
	相间温差（K）(A−B/C−B)	3.8/4.8	0.4/0.7	—
2017.03.11 0时	A	4.3	1.1	3.2
	B	0.7	0.9	0.2
	C	7.6	2.5	5.1
	相间温差（K）(A−B/C−B)	3.6/6.9	0.2/1.6	—
2017.03.11 1时	A	1.4	−1.6	3
	B	−1.7	−1.9	0.2
	C	2.1	−1.1	3.3
2017.03.11 1时	相间温差（K）(A−B/C−B)	3.1/3.8	0.3/1.7	—
2017.03.11 3时	A	1.6	−2.5	4.1
	B	−2.3	−2.5	0.2

13

续表

检测时间	相别	上节温度（℃）	下节温度（℃）	上下节温差（K）
2017.03.11 3时	C	1.2	−2	3.2
	相间温差（K）(A−B/C−B)	3.9/4.5	0/0.5	—
2017.03.11 5时	A	1.9	−2.3	4.2
	B	−2.4	−2.8	0.4
	C	2.9	−1.9	4.8
	相间温差（K）(A−B/C−B)	4.3/5.3	0.5/0.9	—
2017.03.11 7时	A	1.9	−2.4	4.3
	B	−2.2	−2.4	0.2
	C	2.8	−2	4.8
	相间温差（K）(A−B/C−B)	4.1/5	0/0.4	—
2017.03.11 9时	A	2.3	−2.3	4.6
	B	−1.9	−2.3	0.4
	C	2.2	−2	4.2
	相间温差（K）(A−B/C−B)	5.2/4.1	0/0.3	—

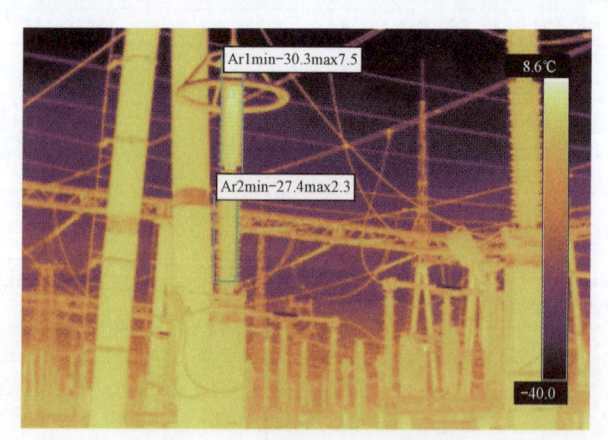

图 1-25　C 相避雷器红外测温图谱

根据《输变电设备状态检修试验规程》（Q/GDW 1168—2013），阻性电流初值差应不大于 50%，且全电流不大于 20%，当阻性电流增加 0.5 倍时应缩短试验周期并加强监测，增加 1 倍时应停电检查。2 号主变压器高压侧三相避雷器泄漏电流检测结果显示，A 相阻性电流初值差超过 50%，最高达到 246.6%；C 相全电流、阻性电流初值差均远超要求值，最高分别达 21.9%、274.7%。另外，根据《带电设备红外诊断应用规范》（DL/T 664—2016），避雷器属电压致热型设备，该主变压器高压侧三相避雷器红外检测结果满足"较热点一般在靠近上部"的基本特征，但A、C两相均存在上下节温差大于1K的情况，且A、C两相与B相相间温差最高达5.2、6.9K，且有继续增大趋势。经综合研判，认定该缺陷为紧急缺陷，不满足运行要求，立即申请将2号主变压器停电。

停电后，将2号主变压器高压侧三相避雷器拆除，并对三相避雷器进行直流1mA参考电压U_{1mA}及$0.75U_{1mA}$下的泄漏电流试验，试验数据见表1-7。

表1-7　　　　2号主变压器高压侧三相避雷器停电试验数据

检测部位	U_{1mA}（kV）	标准值（kV）	$0.75U_{1mA}$下的泄漏电流（μA）	标准值（μA）
A相上节	131.7	≥290	310	≤50
A相下节	152.5		5	≤50
B相上节	137.4	≥290	37	≤50
B相下节	151.9		19	≤50
C相上节	115	≥290	107	≤50
C相下节	152.4		2	≤50

根据《输变电设备状态检修试验规程》（Q/GDW 1168—2013），直流1mA参考电压U_{1mA}初值差应不低于《交流无间隙金属氧化物避雷器》（GB/T 11032—2010）规定值（注意值），$0.75U_{1mA}$下的泄漏电流应不大于50μA（注意值）。而根据《交流无间隙金属氧化物避雷器》（GB/T 11032—2010）附录J，标称放电电流10kA等级、额定电压为200kV的避雷器，其直流1mA参考电压不小于290kV。因此，由以上检测结果及试验数据可知，2号主变压器高压侧三相避雷器上节均可能存在不同程度的受潮。为进一步确定2号主变压器高侧避雷器内部是否进水受潮，以劣化程度最高的C相避雷器为例，立即组织人员进行解体检查。

三、故障原因分析

根据C相避雷器上节解体情况，可以看出此次故障原因系避雷器顶部浇注孔未经任何密封处理，呈中空状态，运行过程中水汽自顶部浇注孔进入避雷器上端盖形成积水；又因内部硅胶浇注不严密，制造工艺不良，导致水汽进入设备内部，进而形成内部受潮故障。综合案例2分析，该型避雷器生产工艺中顶盖部位两个浇注孔仅靠填充硅橡胶后由浇注孔溢出的硅胶进行密封，而两个案例中浇注孔均未被填充，直接导致水汽进一步进入避雷器内部，引起设备故障。

四、经验总结

避雷器泄漏电流带电检测作为目前避雷器首选且十分重要的例行检查项目，具有现场操作便捷、故障识别率高等优点，对避雷器内部受潮、绝缘变质、电阻片损伤等缺陷或故障均能有效体现出来。根据近期对避雷器故障的统计，由于工艺不良导致的受潮问题呈现多发、频发的态势；因此，加强避雷器组装阶段的工艺管控、做好密封处理，重点做好紧固螺栓、密封圈的质量和工艺管控，对提升设备的安全性和稳定性具有重要意义和价值。

案例4　220kV避雷器因防爆膜密封失效导致受潮

一、故障情况说明

1. 故障概述

2019年6月21日，天气情况暴雨，某220kV变电站2号主变压器差动保护动作跳闸。查询雷电定位系统，故障发生时所在区域无雷击现象；通过查询系统电压，确定系统未出现电压振荡，排除雷击过电压和操作过电压可能。

2. 故障发生前运行方式

故障发生前，该220kV变电站1号主变压器高压侧201断路器、中压侧101断路器、低压侧301断路器在合位，2号主变压器高压侧202断路器、中压侧102断路器、低压侧302断路器在合位，220kV母联260断路器在合位，110kV母联112断路器在合位，35kV母联310断路器在合位，1、2号主变压器并列运行，具体运行方式如图1-26所示。

3. 保护动作情况

（1）2号主变压器保护装置事件记录。

1）2号主变压器1号保护装置事件记录如下：

2019年6月21日10时00分18秒393毫秒，2号主变压器高压侧纵差速断保护动作；

2019年6月21日10时00分18秒413毫秒，2号主变压器高压侧纵差保护动作；

2019年6月21日10时00分18秒462毫秒，2号主变压器高压侧纵差速断保护动作返回；

2019年6月21日10时00分18秒499毫秒，2号主变压器高压侧纵差保护动作返回。

2）2号主变压器2号保护装置事件记录如下：

0ms，主保护启动，后备保护启动；

18ms，差动速断保护动作，差动保护动作，A相差流100.534A，B相差流0.051A，

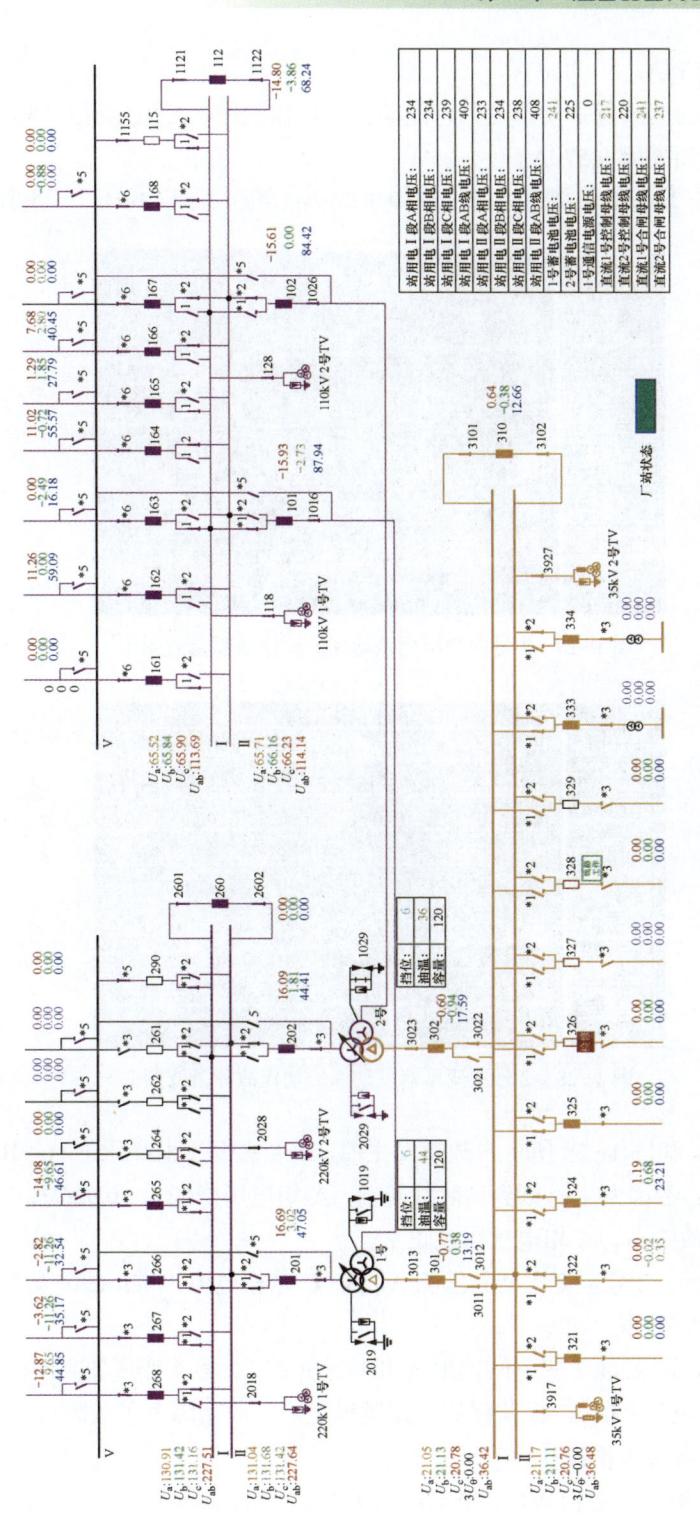

第一章 避雷器因内部受潮导致故障

图 1-26 某220kV变电站事故前运行方式示意图

避雷器典型故障案例分析

C 相差流 100.538A；

95ms，差动速断保护动作返回，差动保护动作返回，A 相差流 0.566A，B 相差流 0.004A，C 相差流 0.570A。

（2）2 号主变压器差动保护动作故障录波图，如图 1-27 和图 1-28 所示。

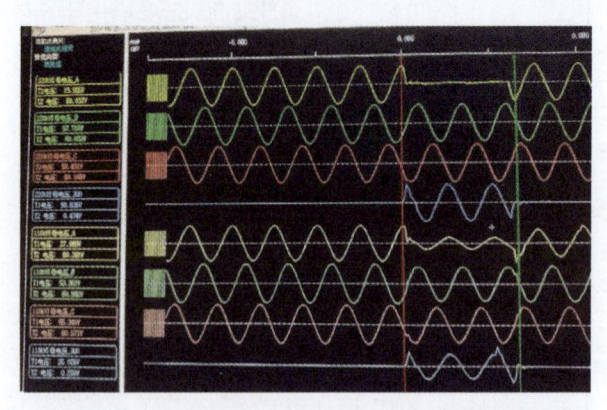

图 1-27 2 号主变压器差动保护动作故障录波图 1

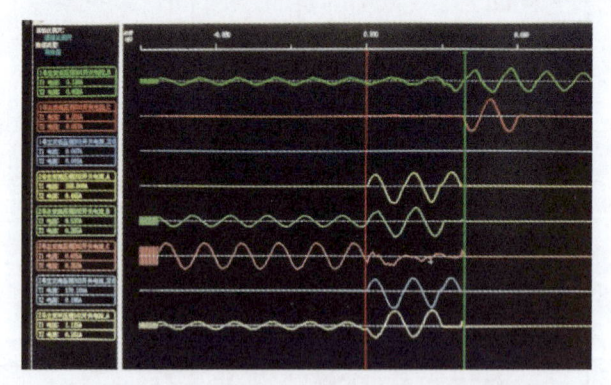

图 1-28 2 号主变压器差动保护动作故障录波图 2

如图 1-27 和图 1-28 所示，故障发生前，2 号主变压器高压侧 A、B、C 三相母线电压正常；故障发生时刻到切除故障前，A 相电压降低为 19.926V，B、C 相电压不变；切除故障后，A 相电压恢复正常。

故障发生前，2 号主变压器高压侧 A、B、C 三相电流正常；故障发生后，A 相故障电流为 169.808A。

综上所述，该 220kV 变电站发生 A 相接地短路，2 号主变压器高压侧差动电流大于保护整定电流（5A），纵差保护动作逻辑正确，成功隔离了故障点。

4. 故障设备基本情况

故障避雷器型号为 Y1W1-220/520，1995 年 1 月出厂。

二、故障检查情况

1. 解体检查情况

2019年6月21日11时，检修人员到达现场，发现2号主变压器高压侧A相避雷器顶部被冲开，均压环掉落在地上，计数器被烧毁，事故现场如图1-29和图1-30所示。

图1-29　避雷器顶部被冲开，均压环掉落

图1-30　放电计数器被烧毁

2019年6月22日，检修公司对故障避雷器开展解体检查。故障相避雷器上下两节顶部防爆膜均已被冲破，氧化锌电阻片及绝缘筒严重熏黑；压力释放口处均有较为严重的锈蚀痕迹，且氧化锌电阻片表面存在受潮痕迹，现场检测情况如图1-31～图1-34所示。

图1-31　氧化锌电阻片及绝缘筒严重熏黑

图1-32　下节避雷器上端压力释放口锈蚀严重

避雷器典型故障案例分析

图 1-33　下节避雷器下端压力释放口锈蚀严重 　　图 1-34　氧化锌电阻片表面存在受潮痕迹

进一步检查发现，固定绝缘杆螺栓锈蚀严重，部分氧化锌电阻片边缘、固定绝缘杆存在局部放电痕迹，绝缘筒表面存在贯穿性放电通道，现场检查情况如图 1-35～图 1-38 所示。

图 1-35　绝缘杆螺栓锈蚀严重 　　图 1-36　氧化锌电阻片边缘疑似局部放电

2. 试验检测情况

对 2 号主变压器 B、C 两相避雷器进行直流 1mA 参考电压 U_{1mA} 及 $0.75U_{1mA}$ 下的泄漏电流试验，试验数据见表 1-8。根据《输变电设备状态检修试验规程》（Q/GDW 1168—2013），直流 1mA 参考电压 U_{1mA} 初值差应不超过±5%且不低于《交流无间隙

第一章 避雷器因内部受潮导致故障

图 1-37 绝缘杆支架处有放电痕迹　　图 1-38 绝缘筒外表面水树枝放电通道

金属氧化物避雷器》(GB/T 11032—2010) 规定值（注意值），$0.75U_{1mA}$ 下的泄漏电流应不大于 30% 或不大于 50μA（注意值）。根据试验结果，判断 B、C 相避雷器均正常。

表 1-8　　B、C 相避雷器参考电压及泄漏电流试验数据

试验日期	检测部位	U_{1mA}(kV)	$0.75U_{1mA}$ 下的泄漏电流（μA）	与上次 U_{1mA} 之差	与上次 $0.75U_{1mA}$ 下的泄漏电流之差
2017.04.01	A 相上节	148.1	27	—	—
	A 相下节	150.2	22	—	—
	B 相上节	150.0	27	—	—
	B 相下节	150.0	27	—	—
	C 相上节	150.2	30	—	—
	C 相下节	150.6	21	—	—
2019.06.21	B 相上节	148.9	24	−0.7%	−11.1%
	B 相下节	150.2	13	−0.1%	−51.9%
	C 相上节	149.2	23	−0.7%	−23.3%
	C 相下节	150.4	14	−0.1%	−33.3%

调取该间隔避雷器最近的红外检测及避雷器泄漏电流检测记录，结果显示 2019 年 4 月 12 日在对该站开展红外测温时，2 号主变压器高压侧避雷器红外测温未发现异常，红外测温图谱见表 1-9。2019 年 6 月 19 日，对该变电站 220kV 开关场开展

避雷器典型故障案例分析

接地引下线导通测试及全站避雷器泄漏电流带电检测，均未发现异常，相关检测数据见表 1-10 和表 1-11。

表 1-9　　　　　　2 号主变压器高压侧避雷器红外测温图谱

相别	可见光图片	红外测温图谱
A		
B		
C		

22

表1-10　　　　　　　　开关场接地引下线导通测试数据

测试日期	参考点	2号主变压器高压侧避雷器A相电阻（mΩ）	2号主变压器高压侧避雷器B相电阻（mΩ）	2号主变压器高压侧避雷器C相电阻（mΩ）
2019.06.19	2号主变压器	4	4	6

表1-11　　　　　2号主变压器高压侧避雷器泄漏电流检测数据

检测日期	相别	全电流（μA）	阻性电流（μA）	与上次全电流之差	与上次阻性电流之差
2018.05.14	A	784	121	—	—
	B	737	114		
	C	773	111		
2019.06.19	A	789	122	0.6%	0.8%
	B	757	117	2.7%	2.6%
	C	773	111	0%	0%

三、故障原因分析

根据2号主变压器高压侧故障相避雷器解体情况来看，避雷器电阻片存在受潮痕迹，绝缘杆固定螺栓锈蚀，压力释放口处存在锈迹，说明运行过程中水汽侵蚀进入防爆膜盖板侧面，引起盖板和螺栓锈蚀，导致防爆膜及盖板处密封失效。由于投运年限很长，加之所在地区年降水量大，且事故当日该地区为暴雨天气，在避雷器压力释放口密封失效情况下，水汽进入避雷器内部后凝结，引发电阻片柱和绝缘筒的沿面闪络甚至形成电弧通道，从而导致接地故障。

四、经验总结

（1）运行单位应当加强设备状态跟踪及检测、监测数据的诊断，确保及时发现设备缺陷和隐患。

（2）各单位应当加强运维管理，严格遵守《国家电网有限公司关于印发十八项电网重大反事故措施（修订版）的通知》（国家电网设备〔2018〕979号）第14.6.3.2条：对运行15年及以上的避雷器应重点跟踪泄漏电流的变化，停运后应重点检查压力释放板是否有锈蚀或破损。

案例5 220kV避雷器因密封老化导致受潮

一、故障情况说明

1. 故障概述

2019年9月17日,某220kV变电站因220kVⅠ段母线电压互感器避雷器A相发生故障,造成220kVⅠ段母线差动保护动作。

2. 故障发生前运行方式

故障发生前,220kV云新南线261、回云一线264、郝云一线271、1号主变压器220kV侧201断路器运行于220kVⅠ段母线;云新北线262、回云三线266、郝云二线272、2号主变压器220kV侧202断路器运行于220kVⅡ段母线;220kV母联212断路器为运行状态;回云二线265、旁路215断路器热备用于220kVⅠ段母线。变电站主接线如图1-39所示。

3. 故障设备基本情况

故障避雷器型号为Y10W-200/520,1997年12月出厂。

二、故障检查情况

1. 解体检查情况

2019年9月18日,对故障避雷器开展解体检查。故障相避雷器上下两节顶部防爆膜均已被冲破,氧化锌电阻片外观完好,表面严重炭化熏黑,现场检测情况如图1-40和图1-41所示。

此外,上节避雷器顶部与底部法兰盘均有严重锈蚀,尤其顶部法兰密封垫圈已松动,有移位现象,如图1-42和图1-43所示。观察上节电阻片,发现有锈蚀痕迹,如图1-44所示。反观下节避雷器,顶部与底部法兰均无锈蚀痕迹,电阻片也无异常,如图1-45所示。

在完成非故障相B相避雷器的停电试验后,对B相避雷器上节进行解体检查。B相避雷器内部电阻片完好,未见锈蚀痕迹,如图1-46所示。B相上节避雷器底部法兰未见异常,但顶部法兰在内、外密封圈之间局部有轻微的锈蚀痕迹,如图1-47和图1-48所示。

2. 试验检测情况

检修人员到达现场后对故障情况进行查看,发现220kVⅠ段母线电压互感器避雷器A相故障,上下节压力释放口均动作,如图1-49所示。根据调阅的故障录波记录,确定故障发生前无系统过电压,如图1-50所示。

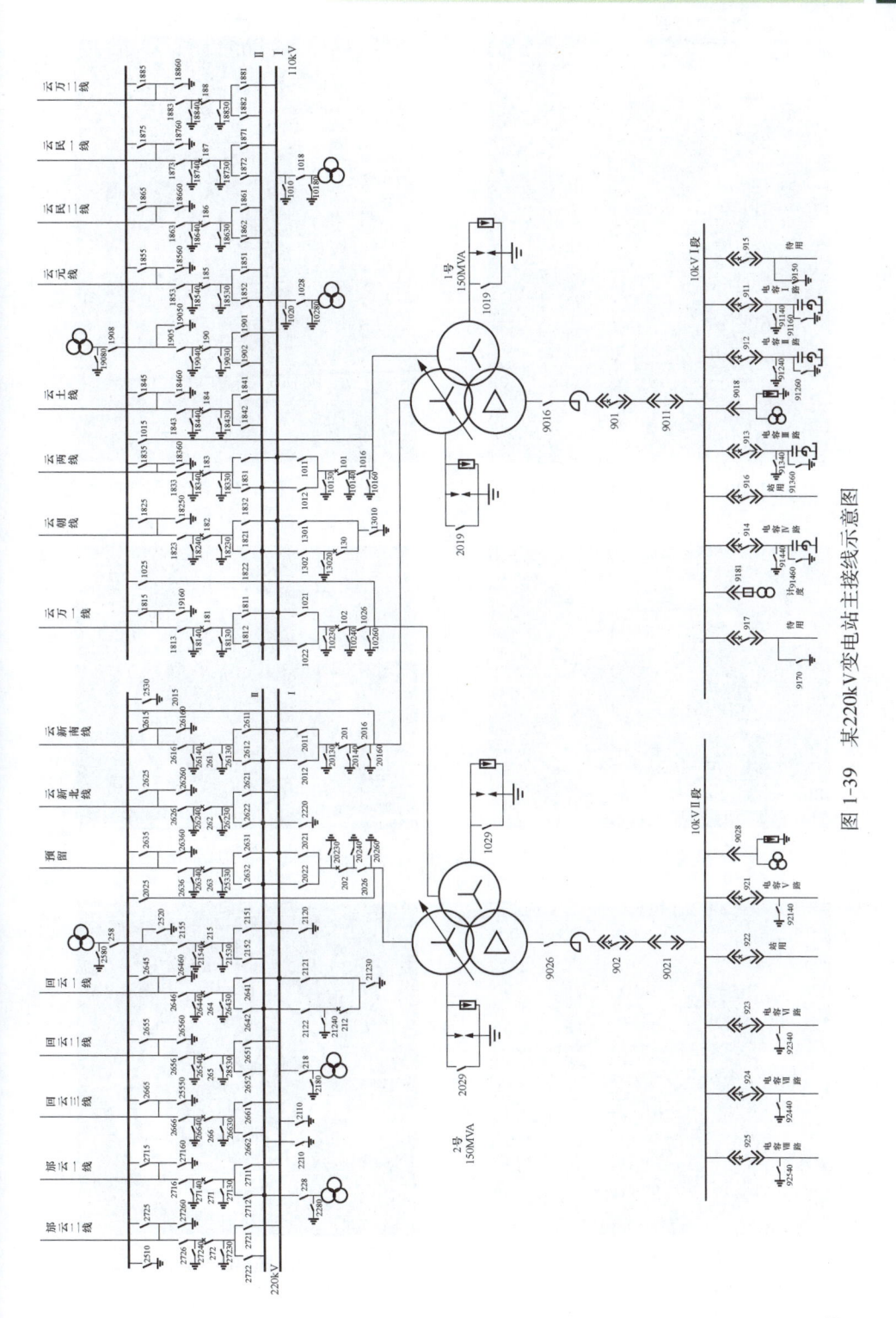

第一章 避雷器因内部受潮导致故障

图 1-39 某220kV变电站主接线示意图

避雷器典型故障案例分析

图 1-40　上节氧化锌电阻片柱

图 1-41　下节氧化锌电阻片柱

图 1-42　上节顶部法兰

图 1-43　上节底部法兰

图 1-44　上节电阻片锈蚀

图 1-45　下节底部法兰光洁无锈蚀

第一章 避雷器因内部受潮导致故障

图1-46　B相上节电阻片柱

图1-47　B相上节顶部法兰　　　　　图1-48　密封圈缝隙间局部轻微锈蚀

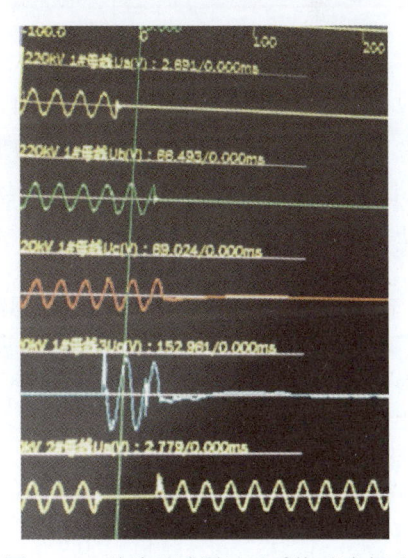

图1-49　避雷器上下节压力释放口均动作　　图1-50　故障录波图显示系统无过电压

避雷器典型故障案例分析

对Ⅰ段母线电压互感器的B、C两相避雷器进行直流1mA参考电压U_{1mA}及$0.75U_{1mA}$下的泄漏电流试验，试验数据见表1-12。根据《输变电设备状态检修试验规程》（Q/GDW 1168—2013），直流1mA参考电压U_{1mA}初值差应不超过±5%且不低于《交流无间隙金属氧化物避雷器》（GB/T 11032—2010）规定值（注意值），$0.75U_{1mA}$下的泄漏电流应不大于30%或不大于50μA（注意值）。根据试验结果，判断B、C相避雷器均正常。

表1-12　　　　　　　　B、C相避雷器直流试验数据

试验日期	相别	U_{1mA}(kV)	$0.75U_{1mA}$下的泄漏电流（μA）	与上次U_{1mA}之差	与上次$0.75U_{1mA}$下的泄漏电流之差
2014.04.09	A相上	150.0	29	—	—
	A相下	150.2	29	—	—
	B相上	148.5	27	—	—
	B相下	147.4	22	—	—
	C相上	148.5	30	—	—
	C相下	150.9	20	—	—
2019.09.18	B相上	147.2	25	−0.9%	−7.4%
	B相下	146.7	21	−0.5%	−4.5%
	C相上	148.9	30	0.3%	0%
	C相下	150.4	24	−0.3%	20%

调取该间隔避雷器最近的泄漏电流检测记录，检测数据见表1-13。根据《输变电设备状态检修试验规程》（Q/GDW 1168—2013），阻性电流初值差应不大于50%，且全电流不大于20%，当阻性电流增加0.5倍时应缩短试验周期并加强监测，增加1倍时应停电检查。根据2018年检测结果，A相避雷器阻性电流初值差超过50%，故在2019年4月针对A相开展复测，结果显示与2017年相比增长6.5%，即正常。

表1-13　　　　Ⅰ段母线电压互感器避雷器泄漏电流检测数据

检测日期	相别	全电流（μA）	阻性电流（μA）	与上次全电流之差	与上次阻性电流之差
2017.05.03	A	889	291	—	—
	B	750	104	—	—
	C	776	150	—	—

续表

检测日期	相别	全电流（μA）	阻性电流（μA）	与上次全电流之差	与上次阻性电流之差
2018.04.26	A	994	461	11.8%	58.4%
	B	743	98	−0.9%	−5.8%
	C	769	147	−0.9%	−2.0%
2019.04.09	A	741	310	−25.5%	−32.8%

三、故障原因分析

根据故障相避雷器解体情况来看，此次故障是由 220kV Ⅰ 段母线 A 相避雷器上节受潮引起，具体系顶部密封垫圈松动，造成空隙致使潮气入侵，引起绝缘下降，最终导致避雷器接地，引起 220kV Ⅰ 段母线差动保护动作。从对非故障相解体情况来看，该组避雷器顶部密封胶圈已逐渐失去作用。

鉴于该密封胶圈采用了丁腈橡胶，虽然该材料密封效果良好，但易受到紫外线、温度、湿度等外界因素影响。根据研究结果，丁腈橡胶在不同地域的自然储存寿命在 15～30 年不等，若在压缩变形的条件下其寿命将低于上述年限。

四、经验总结

严格遵守《国家电网有限公司关于印发十八项电网重大反事故措施（修订版）的通知》（国家电网设备〔2018〕979 号）第 14.6.3.2 条：对运行 15 年及以上的避雷器应重点跟踪泄漏电流的变化。同时，应缩短停电检修周期，并可结合红外测温等多种检测方式综合研判。

案例6　35kV 避雷器因橡胶圈劣化导致受潮

一、故障情况说明

1. 故障概述

2020 年 5 月 25 日，某公司在开展 110kV 某变电站红外精确测温时，发现该站 2 号主变压器 35kV 母线桥 A、C 相避雷器上部温升偏高，与正常的 B 相相比，温差约为 2K，超过相关标准要求，于是立即申请调配备品对该避雷器进行更换。

2. 故障设备基本情况

故障相避雷器型号为 YH5WZ-51/134，直流参考电压不小于 73kV，持续运行电压不小于 40.8kV，2012 年 1 月出厂，2013 年 1 月投入运行。

二、故障检查情况

1. 解体检查情况

对试验数据更为异常的 C 相避雷器进行解体检查，如图 1-51 和图 1-52 所示，未发现存在明显受潮或放电痕迹。

图 1-51　C 相避雷器电阻片 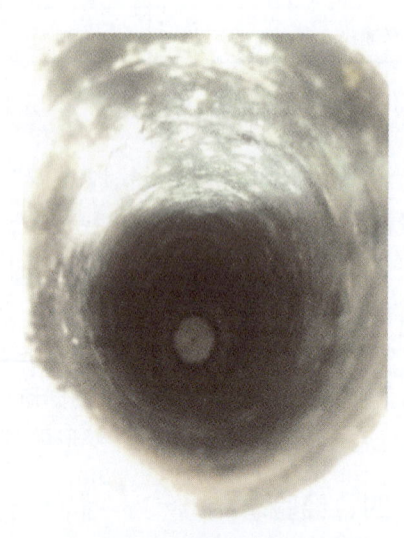　　　　图 1-52　C 相避雷器绝缘筒内部

进一步检查，发现 C 相避雷器绝缘筒端部的密封金属件周围橡胶圈存在明显劣化破损情况，如图 1-53 和图 1-54 所示。

图 1-53　密封金属件周围橡胶圈劣化破损 　　　　图 1-54　拆除后的破损橡胶圈

第一章 避雷器因内部受潮导致故障

2. 试验检测情况

该 2 号主变压器 35kV 母线桥三相避雷器红外精确测温图谱如图 1-55 所示，精确测温结果满足"较热点一般在靠近上部"的基本特征，而 A、C 相避雷器上节较下节温差均为 2K 左右，与正常的 B 相温差也为 2K 左右。根据《带电设备红外诊断应用规范》（DL/T 664—2016），温差大于 1K，且因避雷器为电压致热型设备，故判断为紧急缺陷。

图 1-55　2 号主变压器 35kV 母线桥三相避雷器红外精确测温图谱

2 号主变压器 35kV 母线桥三相避雷器红外连续测温热点曲线如图 1-56 所示。对比热点曲线可以看到，B 相（绿色）整体温度一致性较好，A 相（蓝色）温度最高处较正常部位高 1.8K、C 相（黄色）温度最高处较正常部位高 2K，且 C 相热点集中特征更为显著。

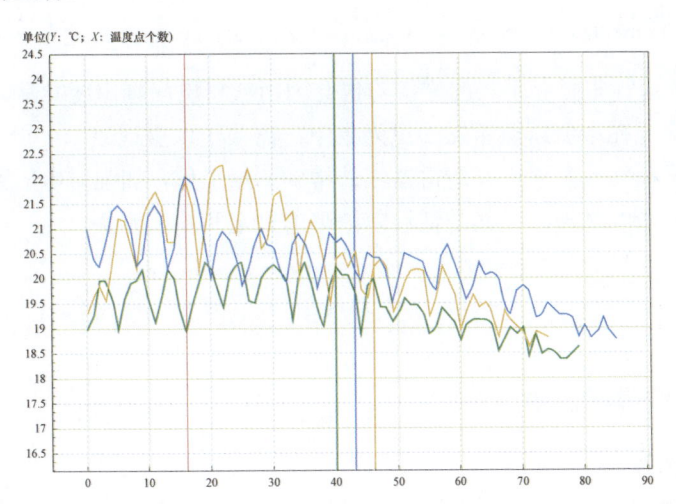

图 1-56　2 号主变压器 35kV 母线桥三相避雷器红外连续测温热点曲线

31

7月8日，按照停电计划，该公司对该站2号主变压器35kV母线桥避雷器进行更换，并立即开展了停电试验，试验数据见表1-14。

表1-14　　　　35kV母线桥三相避雷器停电试验数据

试验日期	相别	绝缘电阻（MΩ）	U_{1mA}（kV）	$0.75U_{1mA}$下的泄漏电流（μA）	与上次U_{1mA}之差	与上次$0.75U_{1mA}$下的泄漏电流之差
2016.04.17	A	20000	86.2	10	—	—
	B	20000	84.9	12	—	—
	C	20000	87.2	9	—	—
2020.07.18	A	800	77.6	46	−10.0%	360%
	B	20000	84.9	12	−0.5%	0%
	C	300	66.3	322	−24.0%	3477.8%

根据《输变电设备状态检修试验规程》（Q/GDW 1168—2013），直流1mA参考电压U_{1mA}初值差应不低于《交流无间隙金属氧化物避雷器》（GB/T 11032—2010）规定值（注意值），$0.75U_{1mA}$下的泄漏电流应不大于50μA（注意值）。A、C两相避雷器绝缘电阻降低明显，直流1mA参考电压U_{1mA}初值差与$0.75U_{1mA}$下的泄漏电流均超过相关标准要求，与带电检测结果趋势一致。

三、故障原因分析

根据C相避雷器解体情况，可以判断此次异常原因为避雷器绝缘筒端部的密封金属件周围橡胶圈劣化破损，运行过程中水汽自裂纹侵入避雷器内部，引起避雷器电阻片受潮，在运行电压下泄漏电流中的阻性电流成分增大，从而导致避雷器出现发热。

四、经验总结

（1）某些运行年限并不长的避雷器也会因用料材质问题出现异常，相较于超/特高压，此类情况在中低压避雷器中更为集中，需要予以重视。

（2）运维检修人员要重视避雷器红外精确测温工作，加强对电压致热型设备缺陷判断分析方法的掌握，尤其是低温差缺陷的判定和缺陷定级。

案例7　750kV避雷器因内部受潮导致阻性电流偏大

一、故障情况说明

1. 故障概述

2016年7月22日，检测人员在开展某变电站全站带电检测过程中发现站内一台高压电抗器避雷器阻性电流偏大，在后续持续跟踪检测中发现阻性电流数据趋于稳定。2017年6月26日，在开展停电例行试验时发现上述避雷器直流1mA参考电压U_{1mA}与出厂值比较下降30kV，且$0.75U_{1mA}$下的泄漏电流较大。随即，现场进行更换处理，并将数据异常避雷器进行返厂解体检查。

2. 故障设备基本情况

故障相避雷器型号为Y20W5-648/1491W。

二、故障检查情况

1. 解体后外观检查情况

（1）密封部件检查。为查明数据异常原因，对避雷器进行解体检查。打开避雷器第三节顶部，抽去外部瓷套，检查上下部密封盖未见明显水渍存在的痕迹，密封圈完好，如图1-57（a）所示；拆掉密封圈后，发现上盖板密封圈下面密封胶涂抹处有细丝状异物存在，如图1-57（b）所示；上下盖板密封胶涂抹得不均匀，如图1-57（c）所示。

（2）内部其他部件检查。对瓷套内部零部件进行检查，也未发现有明显水渍，上盖板弹簧表面光亮、无锈蚀，如图1-58（a）所示；绝缘筒、绝缘杆表面色泽一致，如图1-58（b）、（c）所示；阀片完好，芯体装配符合要求，如图1-58（d）所示。

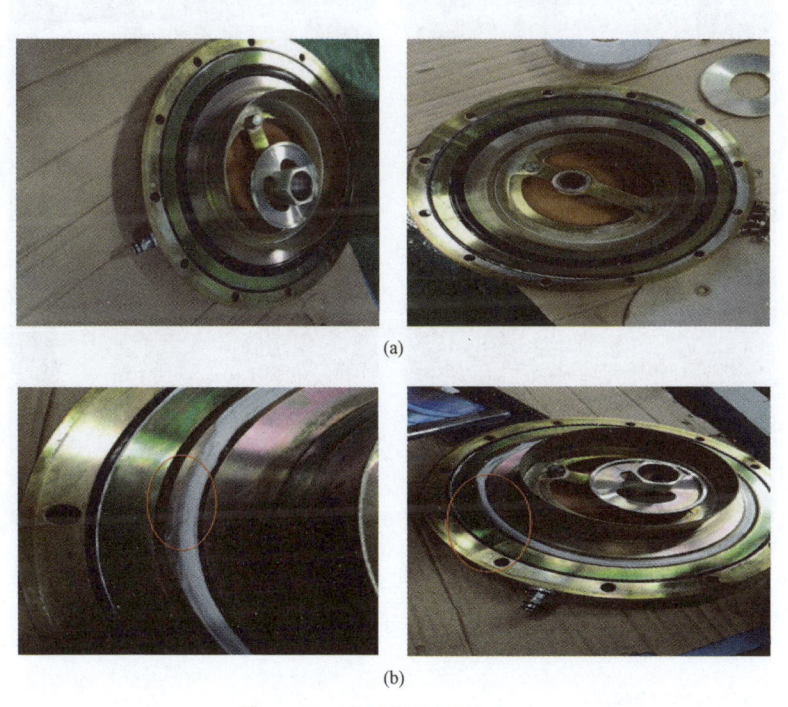

图1-57 密封部件检查（一）

（a）上下部密封盖外观无异常；（b）密封胶处存在异物

避雷器典型故障案例分析

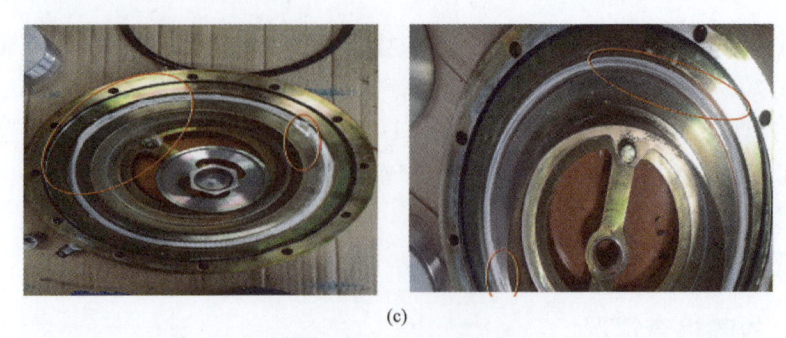

(c)

图 1-57 密封部件检查

(c) 上下盖板涂胶不均匀

(a) (b)

(c) (d)

图 1-58 内部其他部件检查

(a) 盖板弹簧检查；(b) 绝缘筒检查；(c) 绝缘杆检查；(d) 阀片检查

2. 解体前试验情况

（1）阻性电流跟踪检测情况。该线路高压电抗器避雷器阻性电流测试数据见

表 1–15。从数据进行分析，该避雷器阻性电流极功耗偏大，且相角偏小，判断该避雷器内部存在受潮或阀片老化现象。

表 1–15　　　　　　　避雷器阻性电流测试数据

测试时间	运行电压（kV）	全电流（μA）	阻性电流（μA）	功耗（mW/kV）	相角（°）
2016.07.22	437.30	3624	836	465.5	73.6
2016.09.18	438.50	3712	812	477.3	74.1
2017.03.08	437.54	3629	855	482.1	69.8

（2）直流参考电压及泄漏电流。2017 年 6 月 26 日，站内结合停电例行试验，开展避雷器直流参考电压及泄漏电流试验，试验数据见表 1–16。

表 1–16　　　　避雷器直流参考电压及泄漏电流试验数据

相别		第一节	第二节	第三节	第四节
A 相	U_{1mA}（kV）	249.8	248.2	183.3	214.5
	0.75U_{1mA} 下的泄漏电流（μA）	35	32	162	25
B 相	U_{1mA}（kV）	248.3	247.5	214.5	217.8
	0.75U_{1mA} 下的泄漏电流（μA）	37	24	17	17
C 相	U_{1mA}（kV）	248.3	246.9	218.2	212.5
	0.75U_{1mA} 下的泄漏电流（μA）	39	35	21	25

由表 1–16 数据可以看出，A 相避雷器第三节直流电压数据偏小，较正常相低 30kV 以上，其泄漏电流超过 160μA，严重超出规程值 65μA 的规定。从例行试验数据分析，该避雷器内部存在绝缘老化或者受潮问题。

3. 解体后试验情况

（1）除去绝缘筒后对避雷器第三节整组阀片进行直流 1mA 参考电压 U_{1mA} 及 0.75U_{1mA} 下泄漏电流试验，试验数据仍超标，与解体前试验数据相比基本无变化，具体数据见表 1–17。

表 1–17　　　解体前后避雷器参考电压及泄漏电流数据

试验阶段	U_{1mA}（kV）		0.75U_{1mA} 下的泄漏电流（μA）	
	实测值	要求值	实测值	要求值
解体前	185.7	≥213	151	≤50
解体后	185	≥213	150	≤50

（2）从避雷器第三节串联阀片中随机抽取三只阀片进行直流 1mA 参考电压 U_{1mA} 及 $0.75U_{1mA}$ 下泄漏电流试验，另随机抽取第四只阀片进行标准雷电波冲击试验，试验数据见表 1-18。

表 1-18　避雷器参考电压、泄漏电流及标准雷电波冲击试验数据

编号	U_{1mA} 及 $0.75U_{1mA}$ 下泄漏电流试验		标准雷电波冲击试验	
	U_{1mA}(kV)	$0.75U_{1mA}$ 下的泄漏电流（μA）	标准雷电波冲击下的残压（kV）	标准雷电波冲击下的泄漏电流（μA）
第一只阀片（1号）	3.48	265	—	—
第二只阀片（2号）	2.97	396	—	—
第三只阀片（3号）	3.25	374	—	—
第四只阀片（4号）	—	—	7.74	370

4. 烘干处理后试验情况

对避雷器第三节抽取的 4 只阀片进行 180℃、3h 烘干处理，对绝缘芯棒进行 60℃、12h 烘干处理，烘干处理后对 1~3 号阀片和绝缘芯棒进行直流 1mA 参考电压 U_{1mA} 及 $0.75U_{1mA}$ 下泄漏电流试验，同时对 4 号阀片进行了标准雷电波冲击试验，试验数据见表 1-19。通过数据分析，烘干处理后的阀片和绝缘性能基本恢复。

表 1-19　烘干后避雷器和绝缘芯棒试验数据

编号	直流参考电压及 0.75 倍直流参考电压下泄漏电流试验		标准雷电波冲击试验	
	U_{1mA}（kV）	$0.75U_{1mA}$ 下的泄漏电流（μA）	标准雷电波冲击下的残压（kV）	标准雷电波冲击下的泄漏电流（μA）
1号	3.83	91	—	—
2号	4.68	25	—	—
3号	5.05	24	—	—
4号	—	—	7.26	21
芯棒	185	6	—	—

三、故障原因分析

故障台避雷器共 4 节元件，其中第三节避雷器试验数据不合格，其余 3 节避雷器试验数据合格。

（1）解体检查发现，第三节避雷器上部密封盖密封圈下面密封胶处有细丝状异物。进一步检查发现，该异物一端在密封胶内，是一种被黏住的状态，另一端在密封圈与密封胶之间，为可移动的状态，说明该异物不是解体后才有的，判断异物可能是在密封过程中遗留的。

（2）通过对故障避雷器的烘干前后试验数据的分析，认为造成避雷器泄漏电流偏大的原因为受潮。通过对抽取的 3 只阀片烘干处理前后泄漏电流试验数据的对比分析，其中两只泄漏电流值明显降低，说明阀片存有受潮现象。通过对绝缘芯棒烘干前后泄漏电流试验数据的对比，相同参考电压下，泄漏电流由试验前的 40μA 降至 6μA，可见绝缘芯棒也有受潮现象。

根据第三节避雷器试验及解体情况，认为受潮的原因主要是：上盖板密封面涂胶不均匀，上盖板密封面涂胶处有细丝状异物存在，当避雷器长期运行后，会导致避雷器密封性能逐渐下降，潮气逐渐侵入避雷器内部，致使内部电阻片、绝缘杆等受潮。

四、经验总结

（1）新投设备应严格按照周期开展带电检测，同时应加强对检测数据的积累及数据的纵向比对分析。

（2）避雷器设备电流的变化可直观反映内部受潮情况，通过对其参考电压及泄漏电流的长期变化情况的对比分析，可实现缺陷的早期发现与防范。

案例 8　220kV 避雷器因内部受潮导致阻性电流超标

一、故障情况说明

1. 故障概述

2017 年 7 月 25 日，某公司试验班组在开展避雷器带电检测时，发现 220kV 线路 A 相避雷器阻性电流达到告警值。2017 年 8 月 3 日，按照检修工作计划对该避雷器进行直流高压试验时，发现 A 相避雷器试验数据与其他两相有明显差异；经过反复测试，该相避雷器泄漏电流均超标，随即进行更换处理。

避雷器典型故障案例分析

2. 故障设备基本情况

故障相避雷器型号为 HY10WZ-200/520W。

二、故障检查情况

1. 外观检查情况

现场对数据异常避雷器进行外观检查，发现避雷器顶部均压环固定螺栓存在不同程度锈蚀。避雷器外观检查情况如图 1-59 所示。

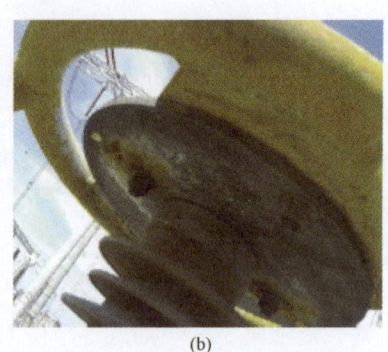

图 1-59 避雷器外观检查情况

（a）现场图 1；（b）现场图 2

2. 解体检查情况

2017 年 7 月 30 日，技术人员对 A 相避雷器上节进行解体检查。在拆除避雷器均压环后，明显发现顶部有进水锈蚀痕迹，且顶板与避雷器顶部之间有明显松动痕迹，解体后发现内部存在明显受潮现象，如图 1-60 所示。

图 1-60 A 相避雷器上节解体检查情况

（a）顶部进水锈蚀痕迹；（b）顶板与避雷器顶部之间松动；（c）内部受潮情况

3. 试验检测情况

（1）阻性电流检测情况。2017年7月25日，试验班组人员对该避雷器进行阻性电流检测，检测数据见表1-20。

通过对比试验数据，A相避雷器阻性电流明显大于B、C两相，且测试值为304μA，超过警告值（300μA）。

表1-20　　　　　　　　避雷器阻性电流检测数据

相别	运行电压（kV）	全电流（μA）	阻性电流（μA）	备注
A	135.16	677	304	阻性电流报警值300μA
B	135.36	609	211	
C	135.44	612	199	

（2）直流参考电压及泄漏电流。2017年7月30日，站内结合停电例行试验，开展避雷器直流参考电压及泄漏电流试验，试验数据见表1-21。

表1-21　　　　　　避雷器直流参考电压及泄漏电流试验数据

相别	试验项目	上节	下节
A	U_{1mA}（kV）	161.8	163.5
	$0.75U_{1mA}$下的泄漏电流（μA）	84.7	21.5
B	U_{1mA}（kV）	151.3	152.4
	$0.75U_{1mA}$下的泄漏电流（μA）	15.5	11.2
C	U_{1mA}（kV）	151.1	152.7
	$0.75U_{1mA}$下的泄漏电流（μA）	15.1	12.1

由表1-21数据可以看出，A相避雷器泄漏电流超标，其泄漏电流超过84.7μA，严重超出规程值50μA的规定。从例行试验数据分析，该避雷器内部存在绝缘老化或者受潮问题。

三、故障原因分析

通过分析历次电气试验结果、设备运行记录，试验数据未见异常，由此判断此次异常与设备老化无关；认定A相上节避雷器缺陷为顶部松动进水受潮导致避雷器上节阻性电流、泄漏电流超标。

四、经验总结

避雷器缺陷一般较多为绝缘受潮，为了有效防止此类缺陷发生，首先应在避雷器结构选型上进行严格把关；其次，应通过多种监测手段对避雷器进行在线监测，实时掌握避雷器检测数据，以便更好地监测设备运行状况，确保设备安全稳定运行。

案例 9　220kV 避雷器因密封破损导致内部受潮爆炸

一、故障情况说明

1. 故障概述

2012 年 5 月 1 日 20 时 53 分，某变电站运行人员听到 220kV 场地异响，同时发现事故音响、预告音响发出报警信号，2 号主变压器控制屏上"保护动作""装置异常及闭锁"光字牌亮，2 号主变压器三侧 202、102、902 断路器分合闸指示灯灭，站用电源消失，110kV 母线失压，2 号主变压器 1、2 号保护屏 RCS-978 保护装置窗口显示"差动速断""工频变化量差动""比率差动"，保护装置上"保护跳闸"指示灯亮，202、102、902 断路器分闸指示灯亮。到现场检查发现，2 号主变压器 220kV 侧避雷器 B 相炸裂，2 号主变压器三侧 202、102、902 断路器均在分闸位置，220kV 所有断路器均在合闸位置（尖大线 268 断路器检修），110kV 所有断路器均在合闸位置（面泉线 164 断路器检修）。

2. 故障设备基本情况

故障避雷器型号为 Y10W1-200/520W，1995 年 8 月出厂，1996 年 6 月 22 日投运。

二、故障检查情况

1. 外观检查情况

2012 年 5 月 3 日，技术人员现场检查发现，2 号主变压器 220kV 侧 B 相避雷器上、下节防爆孔均动作。据值班人员介绍，故障现场避雷器上节顶部均压环移位较大，部分阀片从顶部冲出散落在草坪上，如图 1-61 所示。

2. 解体检查情况

2012 年 5 月 6 日，技术人员对 2 号主变压器 220kV 侧非故障相 A、C 相避雷器进行了相关试验，并对故障相 B 相避雷器及非故障相 A、C 相避雷器进行了解体检查。

2 号主变压器 220kV 侧非故障相 A、C 相避雷器的检测数据见表 1-22。结合历年来试验数据及此次试验结果，非故障相 A、C 相避雷器无异常。

第一章 避雷器因内部受潮导致故障

(a)

(b)

图 1-61 避雷器现场检查情况

（a）现场避雷器；（b）散落的阀片

表 1-22　　　　　　非故障 A、C 相避雷器的检测数据

检测部位	U_{1mA}(kV)	0.75U_{1mA}下的泄漏电流（μA）	持续运行电压(148kV)下的泄漏电流 I_x（μA）	持续运行电压(148kV)下的泄漏电流 I_r（μA）
A 相上节	161.4	21	705	260
A 相下节	157.3	20	740	275
C 相上节	161	18	700	240
C 相下节	157	20	730	280

注　I_x—全电流，为阻性电流和容性电流的矢量和；I_r—阻性电流。

对故障相 B 相避雷器的上、下节进行解体检查，分别如图 1-62～图 1-64 所示。B 相下节阀片沿面有明显炭化痕迹。

图 1-62　B 相避雷器上节内部阀片

41

避雷器典型故障案例分析

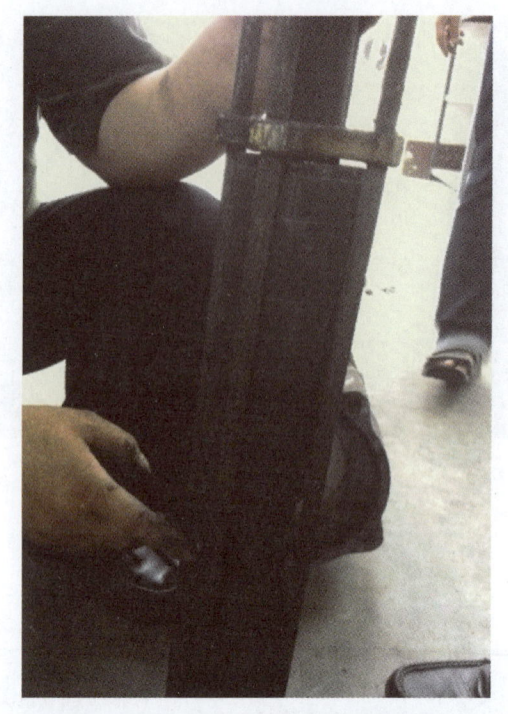

图 1-63 B 相避雷器下节内部阀片

图 1-64 B 相避雷器下节与上节阀片对比

对比 B 相避雷器上节下部法兰密封位置、已移位的均压环所带的 B 相避雷器上节上部法兰及下节上、下密封情况，发现 B 相避雷器下节下部法兰有氧化痕迹。检查情况如图 1-65 所示。

图1-65 B相避雷器下节与上节法兰对比

对非故障相A、C相避雷器上、下节均进行解体,对比密封位置,均未发现类似B相下节下部密封位置法兰上的氧化情况,且解体时还能听到轻微放气的声响。根据现场对该组避雷器故障相、非故障相的解体及故障相内部的闪络情况可知,B相避雷器下节有受潮现象。

三、故障原因分析

根据系统故障录波图,B相避雷器爆炸前后系统无过电压产生。结合解体检查情况,判断此次事故是由于避雷器下部法兰密封漏气导致下节受潮,造成设备故障。

四、经验总结

应根据设备运行年限,加强老旧设备的管理与分析;加强该类设备的检修频次与检修质量,必要时缩短检测周期,若发现有异常情况,及时进行处理。

案例10 10kV避雷器因内部受潮引起异常发热

一、故障情况说明

1. 故障概述

2015年11月27日,运维人员在特巡红外测温时,发现某10kV开关站10kV 907出线避雷器存在温度不一致的情况,温差达8.9℃;根据《带电设备红外诊断应用规范》(DL/T 664—2016),在现场初步判断为紧急缺陷。

2. 带电检测情况

避雷器现场红外检测图谱如图 1-66 所示，其中，C 相最高温度已达 28.8℃，B 相最高温度为 19.9℃。

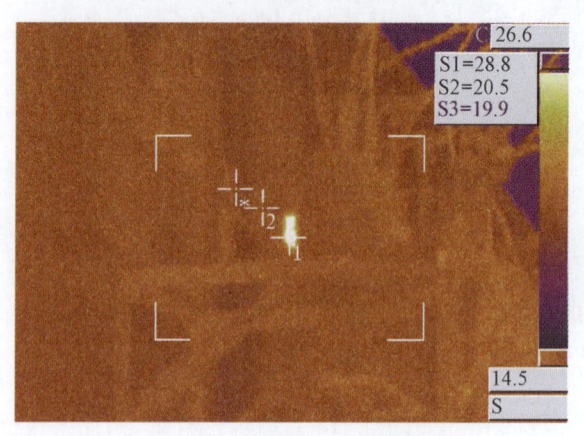

图 1-66　避雷器红外检测图谱

二、故障检查情况

1. 试验检查情况

更换正常避雷器后对发热相避雷器进行常规试验，试验仪器显示避雷器无法加电压；认真观察仪器所加电压和电流关系，发现所加电压不到 1000V，泄漏电流就已经超过 1mA。对故障避雷器使用 HS9200 高压数字绝缘电阻表进行绝缘电阻测量，试验结果见表 1-23。

表 1-23　　　　　　　　　避雷器绝缘电阻试验数据

序号	1	2	3
设置所加电压（V）	1000	2500	5000
显示实际电压（V）	760	1973	3605
绝缘电阻（MΩ）	0.82	0.96	1.58

2. 解体检查情况

对故障避雷器进行解体试验分析，解体后未发现任何进水痕迹，但是在其顶部发现内部封套有一裂纹，且有异常颜色。去掉外部所有硅橡胶后发现内部封装裂纹，但在其表面仍然未发现任何进水迹象。持续解体后发现避雷器阀片表面有很多锈迹，顶部连接铁块和压紧弹簧均已经严重锈蚀，同时外部硅橡胶绝缘部分与胶桶间存在密封不良现象。解体后各部分情况如图 1-67~图 1-72 所示。

第一章 避雷器因内部受潮导致故障

图 1-67 顶部压紧盖

图 1-68 硅橡胶部分裂纹

图 1-69 阀片取出后硅橡胶内部

图 1-70 内部压紧弹簧

图 1-71 内部阀片

图 1-72 硅橡胶与胶桶部位

三、故障原因分析

参考试验数据及解体检查情况，认为此次引起避雷器发热的主要原因为避雷器内部受潮。首先，受潮后内部铁件锈蚀，铁件锈蚀跌落后贯穿整个阀片，导致避雷器绝缘降低，引起避雷器发热；其次，阀片严重受潮后自身绝缘降低，通过阀片内部的电流增大，所以导致避雷器发热严重。但是在避雷器解体检查过程中，虽发现内部封装阀片的胶桶已经出现裂纹，但是在裂纹周围及整个避雷器外表面未发现任何直接进水痕迹。

结合以上分析情况，推断该避雷器受潮原因如下：

（1）出厂时阀片未进行烘干处理，直接封装时深度受潮。但是避雷器在使用前做了交接试验，试验数据正常，绝缘电阻良好，说明在出厂时避雷器阀片干燥，绝缘电阻正常。

（2）避雷器在封装过程中，因工序问题在内部封装了大量水分。

（3）避雷器在安装过程中，因安装工艺问题导致避雷器防水受损，在运行过程中水汽缓慢进入避雷器，导致逐级受潮。

四、经验总结

该避雷器发热是由于避雷器质量问题，在出厂时内部封装阀片的胶桶有裂纹（或运行过程中出现的裂纹），同时外部橡胶绝缘部分与胶桶的粘接部位密封不好，运行过程中水汽渗到避雷器内部，导致阀片严重受潮的同时内部铁件生锈，引起避雷器绝缘急剧降低。

第二章

避雷器因外部机械应力导致故障

案例 11　750kV 避雷器因外部应力导致断裂

一、故障情况说明

1. 故障概述

2019 年 7 月 21 日 18 时 52 分，某公司运维人员巡视发现某变电站 750kV 线路避雷器 A 相最下一节中部断裂，避雷器本体其他部分已掉落到地面。

2. 故障设备基本情况

故障避雷器型号为 Y20W2-648/1491BC，2016 年 5 月生产，2018 年 7 月投运。

二、故障检查情况

1. 外观检查情况

现场检查发现，避雷器从下往上第一节中间部位断裂，第一节下半段留在设备支架上，第一节上半节和第 2~4 节均掉落至地面。经检查确认，避雷器断裂部位为粘贴处。避雷器现场检查情况如图 2-1 所示。

图 2-1　避雷器现场检查情况（一）
(a) 第一节下半段；(b) 掉落部分

避雷器典型故障案例分析

(c)　　　　　　　　　　　　　　(d)

图 2-1　避雷器现场检查情况（二）

(c) 第三节局部；(d) 第一节上半段局部

2. 试验检测情况

（1）解体前检查情况。

1）选择同型号、同批次未发生故障的在运避雷器进行检查研究，避雷器外表面无异常痕迹。避雷器外观如图 2-2 所示。

2）在避雷器解体前，对其进行 X 射线数字成像检测。此次检测的避雷器编号为 G011、G003 从上往下第 3、4 节外瓷套（编号为 G011-3、G011-4、G003-3、G003-4），检测胶装部位是否存在缺陷。采用的透照方式是双壁单影分段透照。检测的部位是瓷套的黏合处，黏合处放有螺母进行标注。避雷器 X 射线数字成像图谱如图 2-3 所示，方框内为黏合处位置。

由于避雷器瓷套外部是伞叶结构，伞叶部位凸起，瓷壁相对伞叶凹陷，因此图像中显示的是一白一黑；白的位置是伞叶位置，黑的部分是本体的瓷壁。如果有缺陷，会表现出黑度更黑的缺陷特征。经检测，四节避雷器外瓷套（编号为 G011-3、G011-4、G003-3、G003-4）粘接部位未见异常。

（2）避雷器拆解检测情况。将氧化锌阀片芯柱从外瓷套抽出，发现编号为 G011 避雷器从下往上第一节氧化锌阀片之间铝垫块上面有黑色不明物质，且芯柱有明显移位现象，其余避雷器氧化锌阀片芯柱未见异常。厂内技术人员反馈为运输过程中避雷器遭受猛烈冲击，铝垫块

图 2-2　避雷器外观

48

与绝缘杆摩擦产生黑色物质。现场将绝缘杆拆除，用绝缘杆摩擦铝垫块，发现在铝垫块与绝缘杆摩擦位置产生类似黑色物质。经第三方检测机构检测，黑色物质为醇酸树脂。随即，技术人员将黑色物质置于阀片上进行绝缘试验，验证结果显示黑色物质未对绝缘造成影响。避雷器内部检查情况如图 2-4 所示。

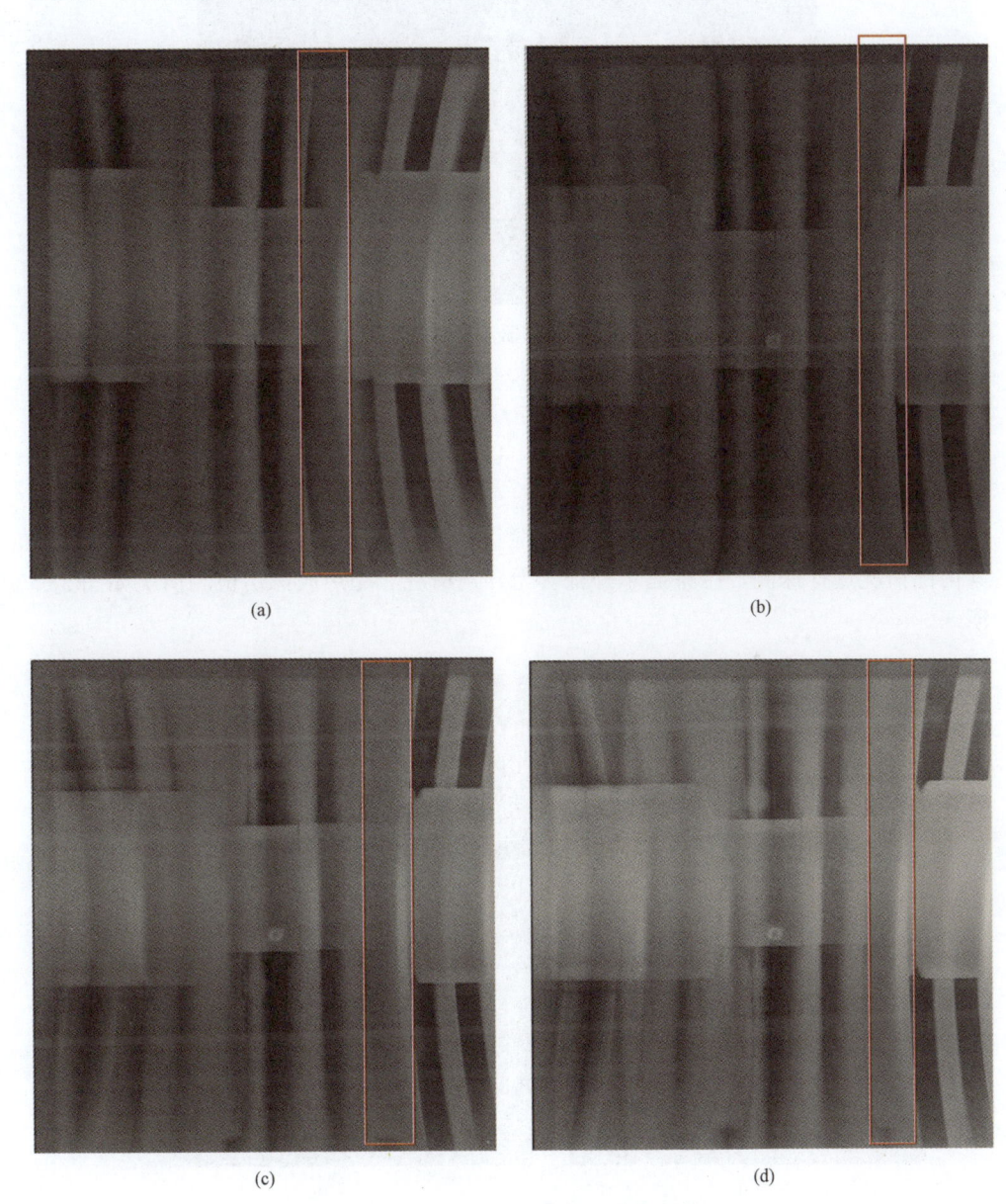

图 2-3　避雷器 X 射线数字成像图谱

（a）G011-3；（b）G011-4；（c）G003-3；（d）G003-4

避雷器典型故障案例分析

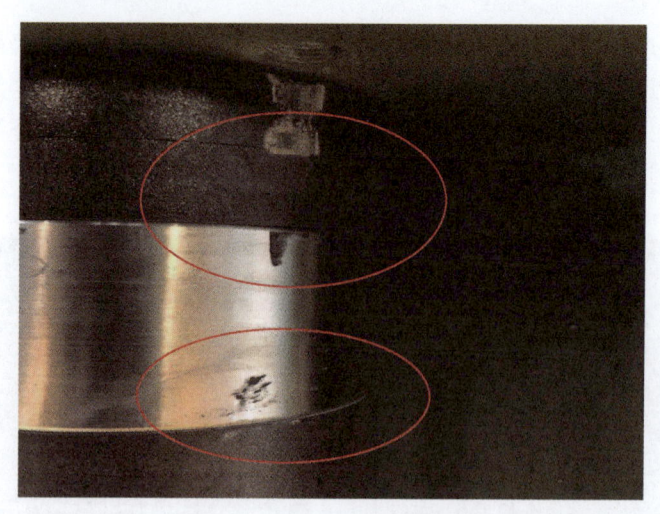

图 2-4 避雷器内部检查情况

（3）外瓷套试验。2019 年 8 月 21 日，在中国电力科学研究院对四节粘接式避雷器外瓷套（编号为 G011-3、G011-4、G003-3、G003-4）进行超声波探伤及弯曲负荷试验。

1）外瓷套超声波探伤试验。为查明避雷器外瓷套情况，使用超声波探伤技术对其内部情况进行探测，结果显示外瓷套无异常情况。超声波探伤检测情况如图 2-5 所示。

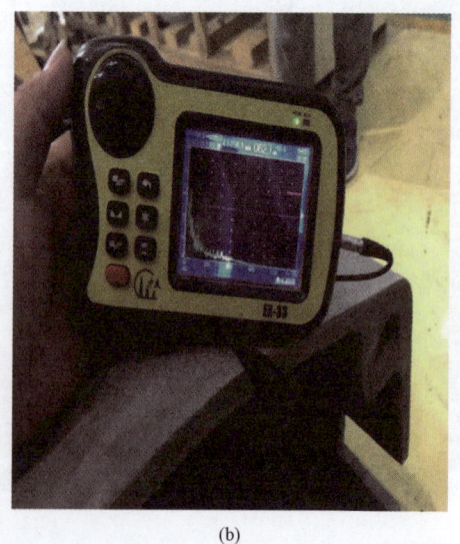

(a)　　　　　　　　　　　　　(b)

图 2-5 超声波探伤检测情况

（a）探伤检测；(b) 数据显示

50

2）外瓷套弯曲负荷试验。在四节外瓷套（编号为 G011-3、G011-4、G003-3、G003-4）中选取 2 节（编号为 G003-3、G003-4）进行 70%、100%负荷耐受试验，选取 2 只（编号为 G011-3、G011-4）进行弯曲破坏试验。避雷器主要技术参数见表 2-1。

表 2-1　　　　　　　　　　避雷器主要技术参数

试验项目	单位	要求值 第三节	要求值 第四节
试品高度	mm	2640	2692
四方向耐受弯矩值的 70%	kN·m	≥89	≥89
四方向耐受弯矩值的 100%	kN·m	≥127	≥127
破坏弯矩值	kN·m	>151	>151

注　1. 依据《额定电压高于 1000V 的电器设备用承压和非承压空心瓷和玻璃绝缘子》(GB/T 23752—2009) 瓷套组件试验值。
　　2. 避雷器正常运行工况（风速 35m/s，最大水平拉力 2500N，安全系数 2.5）下，发生弯矩第三节 54.7kN·m、第四节 87.6kN·m。

a. 70%、100%负荷耐受试验。按照弯曲试验要求：需对外瓷套进行四个方向逐个弯曲试验，施加的弯矩值为耐受弯矩值的 70%，并保持 10s。在 270°方向施加 70%负荷耐受弯矩后，将负荷增大至 100%耐受弯矩值，保持 60s。负荷耐受试验数据见表 2-2。

表 2-2　　　　　　　　　　负荷耐受试验数据

试品编号	角度（°）	实际施加弯矩值（kN·m）	保持时间（s）	力臂（m）
G003-3	0	89.042	10	2.455
	90	89.042	10	
	180	89.042	10	
	270	127.635	60	
G004-4	0	89.762	10	2.475
	90	89.762	10	
	180	89.762	10	
	270	128.675	60	

由表 2-2 可以看出，编号为 G003-3、G003-4 避雷器外瓷套 70%、100%负荷耐受试验通过。

b. 弯曲破坏试验。按照弯曲破坏试验要求，需对外瓷套进行四个方向逐个弯曲

避雷器典型故障案例分析

试验,施加的弯矩值为耐受弯矩值的 70%,并保持 10s。在 270°方向施加 100%负荷耐受弯矩后,保持 10s,将耐受弯矩值增大至 151 kN·m,直至破坏。弯曲破坏试验数据见表 2-3。

表 2-3　　　　　　　　　弯曲破坏试验数据

试品编号	角度（°）	实际施加弯矩值（kN·m）	保持时间（s）	破坏值（kN·m）	力臂（m）
G011-3	0	89.58	10	181.5	2.47
	90	89.58	10		
	180	89.58	10		
	270	127.635	60		
G011-4	0	90.31	10	271.4	2.49
	90	90.31	10		
	180	90.31	10		
	270	127.635	60		

由表 2-3 可以看出,编号为 G011-3、G011-4 避雷器外瓷套弯曲破坏试验通过,破坏部位均为外瓷套胶装部位。G011-3 和 G011-4 弯曲破坏试验情况如图 2-6 和图 2-7 所示。

图 2-6　G011-3 弯曲破坏试验情况
（a）试验现场；(b)试品情况

52

图 2-7　G011-4 弯曲破坏试验情况

（a）试验现场；（b）试品情况

三、故障原因分析

1. 避雷器断裂倾倒

根据现场视频监控信息、避雷器本体器身断裂和相关金具严重变形断裂情况综合分析认为，750kV 避雷器器身断裂为自下而上第一节绝缘子中间胶合部位开裂倾倒，随着避雷器绝缘子倾倒，连接引线、金具受力断裂。

2. 避雷器器身断裂部位

避雷器自下而上第一节和第二节绝缘子中间部位分别为胶合粘接，首先第一节绝缘子断裂部位为中间胶合粘接部位（断）开裂，仔细观察绝缘子（断）开裂茬口，茬口整齐呈现原来预制的"V"形接口，断开的胶合粘接"V"形接触面表面光滑平整，两段绝缘子胶合结合面没有材料融合、黏合在一起，而是形成"两张皮"开胶状态，从而可得出下部第一节绝缘子胶合粘接部位为本节绝缘子强度最薄弱部位，胶合部位没有达到和一体烧制成型绝缘子应有的同等强度。故下部第一节绝缘子断裂后，上面三节避雷器绝缘子倾倒摔落至地面后，同样是自下而上第二节绝缘子在中间胶合粘接部位断裂，断裂茬口与第一节绝缘子断裂情况一致，断开的胶合粘接"V"形接触面表面光滑平整，胶合接触面整体来看大部分没有黏合在一起形成一体。

3. 物件黏合强度达不到设计要求

两个物件通过黏合剂黏合的要点：①接触面要经过特殊处理；②通过黏合剂要

让两物件牢固的黏合在一起，即两物件分子要紧密渗透结合形成一体，不能出现两张皮开胶情况；③粘接部位黏合强度要与非粘接部位的强度保持一致，这样才能满足黏合强度质量要求。

通过上述分析可以看出，避雷器断裂的原因是绝缘子胶合粘接部位没有融合成一体，粘接不牢固，胶合部位自然成了本节绝缘子强度最薄弱部位；该部位不满足绝缘子整体抗弯强度，导致从强度最薄弱的胶合部位开胶断裂。

四、经验总结

1. 开展运维检测技术研究

开展空心式瓷套强度、胶粘工艺质量检测技术研究，做好750kV高压套管、避雷器等空心式绝缘子技术监督检测工作，严防类似故障发生。

2. 完善设备检测相关标准

针对粘接式结构瓷套，在出厂试验时应增加对于扭转力的检测项目，从而保障不同安装方式、使用环境的避雷器的质量安全。

3. 加强瓷套探伤检测技术研究

针对避雷器、套管等瓷套结构，加速新型探伤检测技术研究，为后期故障的查找、检测提供手段。

4. 加强监测诊断技术研究

考虑加强设备图像识别、振动频率、声纹等检测技术在该类设备中的推广应用，做好该类设备的预判及诊断工作。

5. 加强对于避雷器整体性能方面的试验研究

结合区域气候环境及各类典型接线形式，开展避雷器整体振动、受力方面的型式试验，从环境影响评估、接线形式及受力方面开展研究，进一步完善750kV避雷器设计、安装、运检等相关标准、规范。

案例12 110kV线路避雷器底座引线脱落

一、故障情况说明

1. 故障概述

2015年4月27日15时，某公司对某110kV电缆线路巡视检查时，发现该线路20号塔处有明显的放电异响。工作人员遂对该线路20号塔电缆终端头及避雷器进行红外测温，检测结果未见异常，随即对其进行紫外检测。经检测，发现该线路

20号塔C相避雷器底座对杆塔横担有明显的放电现象，而A、B两相避雷器无放电现象。于是申请计划停电时进行登杆检查。

2. 故障设备基本情况

故障避雷器型号为Y10WF-100/260，2002年6月生产，2002年11月投运。

二、故障检查情况

1. 试验检测情况

根据《输变电设备状态检修试验规程》（Q/GDW 1168—2013），该公司电缆运检室人员对巡视异常设备110kV某线路20号塔C相避雷器进行紫外检测，紫外检测图像如图2-8所示，由图可知C相避雷器底座对杆塔横担有明显的放电现象。

图2-8　某110kV线路20号塔C相避雷器紫外检测图像

同样对20号塔A、B两相避雷器进行紫外检测，紫外检测图像分别如图2-9和图2-10所示，由图可知A、B两相避雷器无异常。

图2-9　A相避雷器紫外检测图像 　　　图2-10　B相避雷器紫外检测图像

2. 现场检查情况

2015 年 7 月 28 日，该线路计划停电，该公司工作人员进行登杆检查。经登杆检查发现，20 号塔 C 相避雷器底座接地线脱落，如图 2-11 所示，使得避雷器底座上产生悬浮电位，造成避雷器底座对杆塔横担放电。

图 2-11　C 相避雷器底座接地线脱落

随后对 20 号塔 C 相避雷器底座接地线进行安装修复，如图 2-12 所示。送电后，对异常相避雷器进行复测，验证避雷器底座是否有对杆塔横担放电现象，复测结果如图 2-13 所示。

图 2-12　C 相避雷器底座接地线修复情况 　　图 2-13　C 相避雷器修复后紫外检测图像

三、故障原因分析

根据检查及检测情况，初步判断是由于 C 相避雷器底座接地线压接不牢固，且长期运行过程中一直受重力向下拉伸，最终导致接地线脱落。

四、经验总结

提高电缆终端杆上避雷器安装工艺，加强质量验收力度，防止避雷器接地线因安装不牢固而造成松动、断裂的现象发生。

案例 13　220kV 避雷器因引线断股导致监测数据异常

一、故障情况说明

1. 故障概述

2016 年 6 月 15 日，某公司对某 220kV 变电站开展带电检测时，发现某线路间隔 B 相避雷器有明显的放电异响，且阻性电流初值差达 387.5%，远超《输变电设备状态检修试验规程》（Q/GDW 1168—2013）规定的 30%。观察该相避雷器外观未发现异常，使用红外热成像仪对整支避雷器进行红外检测，同样未发现异常，该线路间隔 B 相避雷器底部外观如图 2-14 所示。仔细观察避雷器放电计数器表计泄漏电流，发现 A、C 相避雷器泄漏电流均为 0.5mA 且指针恒定，B 相避雷器泄漏电流约为 0.42mA，但指针不停在 0.40~0.42mA 之间摆动，不能停止，如图 2-15 所示，于是立即进行检查。

图 2-14　B 相避雷器底部外观　　图 2-15　B 相避雷器放电计数器

2. 故障设备基本情况

故障相避雷器型号为 Y10W-204/532W，工频参考电压不小于 204kV，持续运行电压不小于 163.2kV，2009 年 11 月出厂。

二、故障检查情况

1. 试验检测情况

经过对该间隔三相避雷器进行阻性电流检测及横向对比（见图 2-16），发现 B 相阻性电流 I_r 占全电流 I_x 的 58.55%，电流与电压间角度 ϕ 为 78.6°，且与 A、C 两相相比有明显差异。将 B 相检测数据与历史数据相比，结果见表 2-4，阻性电流初值差达 387.5%，远超《输变电设备状态检修试验规程》（Q/GDW 1168—2013）规定的 30%，因此按标准要求需停电检查。

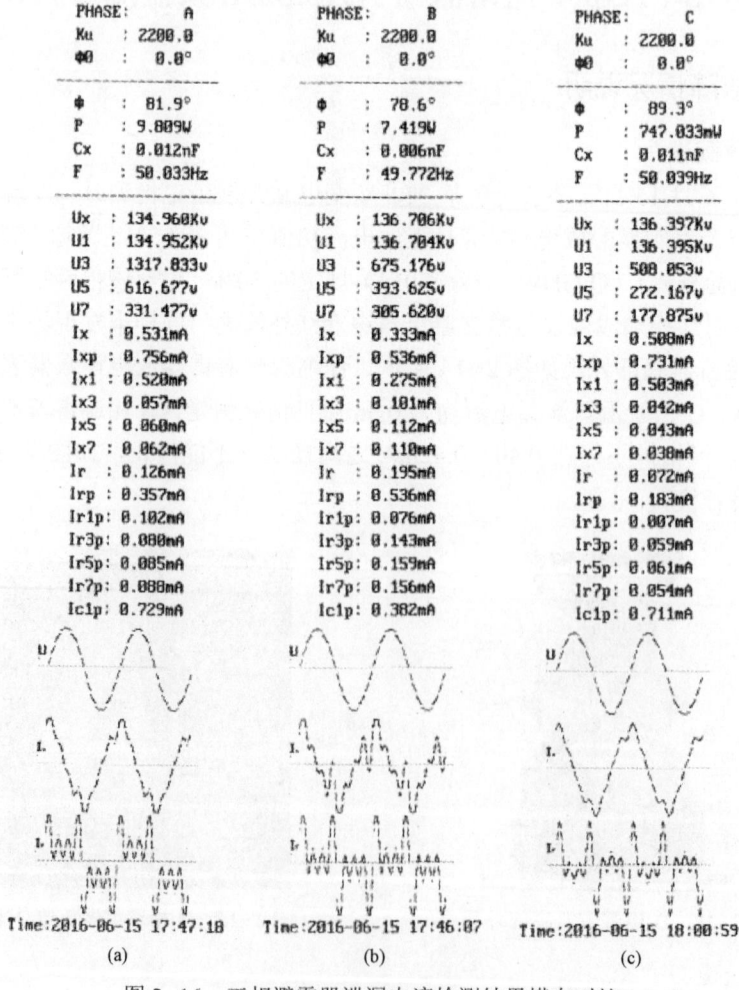

图 2-16 三相避雷器泄漏电流检测结果横向对比

(a) A 相检测结果；(b) B 相检测结果；(c) C 相检测结果

表2-4　　　　　　　B相避雷器泄漏电流检测历史数据对比

检测日期	相别	全电流（μA）	阻性电流（μA）	与上次全电流之差	与上次阻性电流之差
2015.04.15	B	518	40	—	—
2016.06.15	B	333	195	−35.7%	387.5%

2. 外观检查情况

为排除因放电计数器对地接触不良导致的放电异响及检测异常，试验人员使用短接线将B相避雷器放电计数器上部直接接地，但放电异响仍然存在。随后，试验人员在保证安全的情况下登上绝缘梯对B相避雷器底座进行仔细检查，发现避雷器底座至放电计数器的引线接线耳（铜鼻子）处被烧蚀，引线热缩护套破裂严重，其内引线大量断股，如图2-17所示。使用二次短接线将避雷器底座短接接地，放电声音立即消失。将避雷器底座可靠接地之后，将烧蚀的引线拆除，并进行解剖，发现引线内部烧蚀严重，已经失去电气导通性能，如图2-18所示。

图2-17　引线热缩护套破裂严重　　　　图2-18　引线内部烧蚀严重

检修人员立即制作了新的引线并进行更换；更换完引线之后，拆除旁路二次短接线，放电异响消失，放电计数器泄漏电流指示正常，示数稳定在0.5mA左右。再次开展泄漏电流检测，复测结果恢复正常。

三、故障原因分析

根据检查结果来看，判断是由于避雷器底座上端的接地引线预留长度不足，在长期运行过程中引线因过度紧绷致使内部有断股出现，进而导致避雷器阻性电流增大；引线断股进一步发展并出现引线和热缩护套烧蚀，最终引线接触不良引发泄漏电流示数飘忽不定，底座上端产生悬浮电位发出放电异响。

四、经验总结

提高避雷器安装工艺,防止避雷器接地引线因安装过紧而造成断裂的现象发生。

案例14 220kV避雷器因基础安装工艺不良导致倾倒

一、故障情况说明

1. 故障概述

2013年5月3日,某公司对某220kV变电站例行巡视时,发现某线路间隔出线侧C相避雷器器身向B相方向倾斜,与地面约呈45°,如图2-19所示;但在避雷器引流线的拉力作用下,尚未完全倾倒。检查保护装置显示正常,未有报警信息。值班人员立即申请停电并检查处理。

图2-19 某线路间隔出线侧C相避雷器倾斜

2. 故障发生前天气情况

5月3日接该地气象局传真通知,该地天气为晴间多云,西北风9级,阵风可达10~11级,最高气温30℃,最低气温17℃。

二、故障检查情况

5月3日14时50分,接到故障线路被迫停运的通知后,检修公司立即组织抢修人员和吊车等赶赴现场。经检查,发现故障出线间隔C相避雷器因底座固定槽钢脱焊，避雷器器身向 B 相方向倾倒，上端导电部位距离 B 相约 1.7m，与地面约呈 45°，但在引流线拉力作用下，避雷器尚未完全倾倒。进一步检查脱焊的槽钢发现，该避雷器底座固定槽钢长 400mm，焊接点位置为两端和中间，焊接长度约为 100mm，未完全焊接，且部分焊接点为虚焊。对其他相避雷器进行检查时发现，B 相避雷器固定底座槽钢焊接点同样存在脱焊现象，如图 2-20 所示。

图 2-20 B 相避雷器固定底座槽钢焊接点脱焊

三、故障原因分析

故障线路间隔投运于 2012 年 12 月 26 日。根据检查结果来看，5 月 3 日该地区风力达到 9 级，阵风达 11 级，因 C 相出线侧避雷器底部固定槽钢焊接不规范，焊接点不牢固，导致出线侧避雷器底座固定槽钢在大风作用下脱焊，造成避雷器倾斜，该条线路被迫停运。

四、经验总结

（1）针对大风区域变电站内运行的电气设备，应定期进行排查，并对不满足要求的设备底座固定槽钢采取补焊等加固措施。

（2）在设备验收过程中，对大风区域变电设备安装的金属焊接工艺应引起足够重视，加强验收监管。

第三章

避雷器因内部应力引发的故障

案例15　750kV 线路避雷器因连接方式设计不合理导致电容器管脱落

一、故障情况说明

1. 故障概述

2019 年 12 月 23 日，某 750kV 变电站检测人员在进行例行巡视时，发现线路避雷器在线监测表计示数 5.4mA，接近表计报警值。经红外检测，发现该避雷器第二节（从下而上）本体异常发热，最热点位于第二节上法兰铁磁结合部位。停电试验发现，A 相第二节电气试验不合格，随即对异常设备进行更换。

2. 故障设备基本情况

故障避雷器型号为 Y20W1-648/1491W，2018 年 12 月出厂，2019 年 6 月 26 日投运。

二、故障检查情况

1. 试验检测情况

（1）带电检测情况。该避雷器投运后带电检测数据见表 3-1。结合历史数据及后期多台仪器连续跟踪，确定线路避雷器 A、B、C 相全电流及阻性电流分别在 3000μA/600μA、2500μA/110μA、2500μA/500μA 左右波动；排除个别单次异常数据，大部分测量结果未见明显增长或突变，避雷器各项运行参数稳定。避雷器投运后，带电检测数据存在一定波动。2019 年 10 月测试数据偏大，全电流初值差 9.37%，阻性电流初值差 24.64%，但满足相关规程要求（全电流初值差不大于 20%，阻性电流初值差不大于 50%）。12 月 25 日之后的五组测试数据与投运后（6 月 27 日）测试数据比较相差不大。阻性电流测试受环境温度、电磁环境、仪器系统误差影响，数据重复性存在一定差异，但从投运后相关测试数据上看，阻性电流相对稳定。

表 3–1 避雷器带电检测数据

试验日期	表计示数峰值（mA）	表计示数有效值（mA）	全电流（μA）带电检测	全电流（μA）在线监测	带电检测全电流初始差	阻性电流（μA）带电检测	阻性电流（μA）在线监测	带电检测阻性电流初始差
2019.06.27	4.5	3.186	3032	3087	—	698	282	—
2019.10.10	4.9	3.47	3316	3122	9.37%	870	729	24.64%
2019.12.25	5.4	3.82	3124	2935	3.03%	626	747	−10.3%
2019.12.26	5.4	3.82	3111	2927	2.6%	509	722	−27.07
2019.12.27	5.1	3.61	2977	2911	−0.18%	621	721	−11.03%
2019.12.28	5.1	3.61	3141	2861	3.59%	680	679	−2.58%
2019.12.29	5.4	3.82	3046	2984	0.46%	612	763	−12.32%

（2）在线监测情况。避雷器自投运后，分别于6月29日及7月31日开展了两次在线监测数据校准工作，校准后的在线监测数据相对稳定。在线监测数据显示A相全电流稳定在3.1mA左右，阻性电流在0.7～0.8mA区间波动，数据无明显增长或突增。避雷器在线监测数据如图3–1所示。

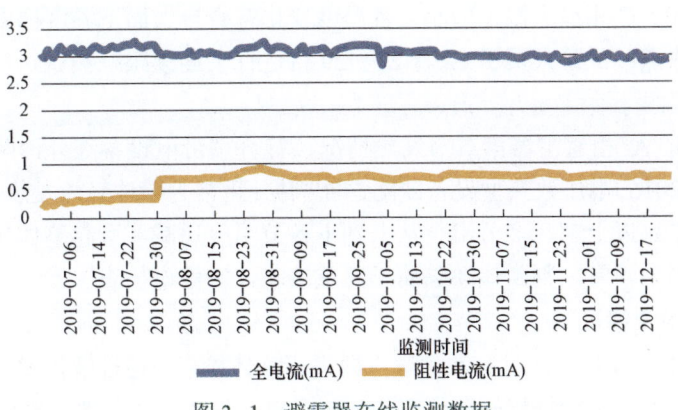

图 3–1 避雷器在线监测数据

（3）红外测温情况。经红外精确测温发现，线路避雷器A相第二节（自下向上）本体存在局部发热现象，避雷器红外测温图谱如图3–2所示。

63

避雷器典型故障案例分析

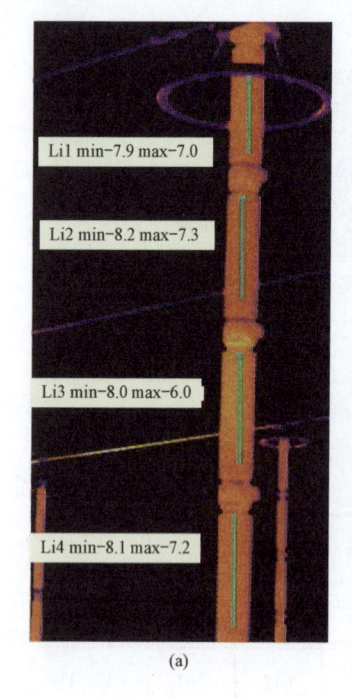

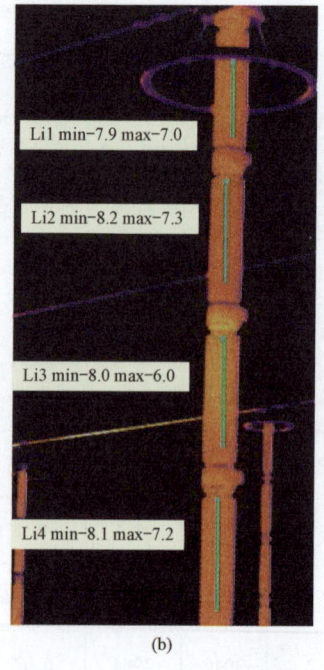

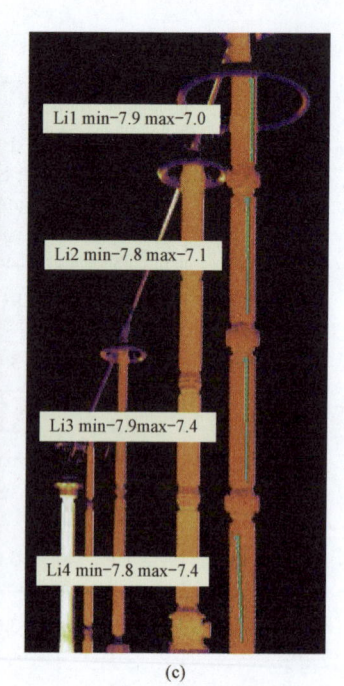

图 3-2 避雷器红外测温图谱

（a）A 相；（b）B 相；（c）C 相

对 A 相避雷器各节本体测温情况进行对比分析，第二节整体温度明显高出其他 3 节，最高-6.0℃，其余 3 节温度最低温度-7.3℃，最大温差 1.3K，超出《输变电设备状态检修规程》（Q/GDW 1168—2013）避雷器整体（单节）温差不超过 0.5~1K 的要求。B、C 相最大温差较小，且温度变化符合自上而下温度梯度减小变化规律，无明显热点。试验人员于 12 月 25~29 日进行了连续跟踪测试，发热现象持续存在。

综合分析 A 相避雷器第二节发热情况，符合《带电设备红外诊断应用规范》（DL/T 664—2016）电压致热型设备缺陷诊断判据：正常为整体轻微发热，分布均匀，较热点一般在靠近上部，多节组合从上到下各节温度递减，引起整体（或单节）发热或局部发热为异常。判断该缺陷属于严重缺陷，需停电检查。

2. 解体检查情况

2020 年 1 月 3 日，针对异常相避雷器进行解体检查。通过解体发现，下 4 节避雷器上部电极片与绝缘杆接触部位存在放电痕迹，下 3 节避雷器上部电极片与绝缘杆接触部位存在放电痕迹，下 2 节避雷器绝缘桶存在大面积放电痕迹，电容管掉落（该节避雷器仅 1 节电容管），上下部固定螺栓松脱，电容管存在严重放电痕迹。现场检查情况如图 3-3~图 3-6 所示。

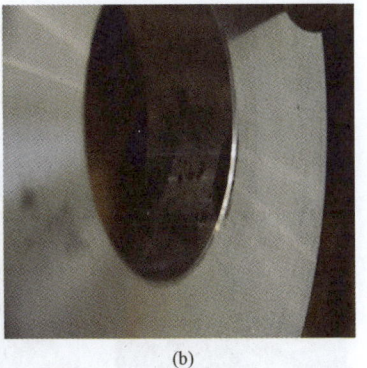

第三章　避雷器因内部应力引发的故障

(a)　　　　　　　　　　　(b)

图 3-3　下 4 节避雷器上部电极片与绝缘杆接触部位放电痕迹

(a) 现场检测；(b) 放电痕迹

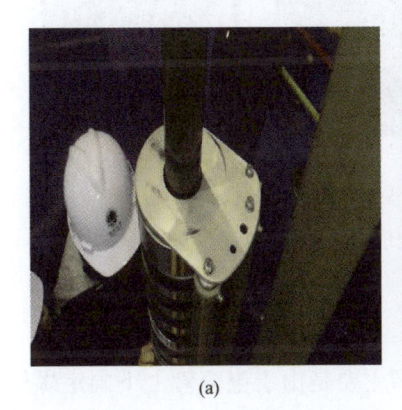

(a)　　　　　　　　　　　(b)

图 3-4　下 3 节避雷器上部电极片与绝缘杆接触部位放电痕迹

(a) 现场检测；(b) 放电痕迹

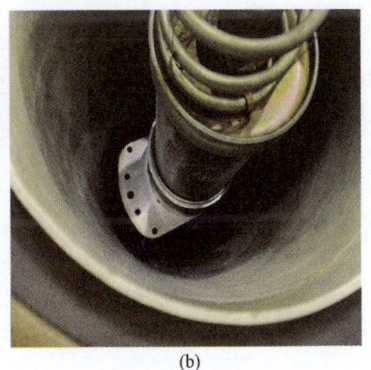

(a)　　　　　　　　　　　(b)

图 3-5　下 2 节避雷器绝缘筒存在大面积放电痕迹

(a) 现场检测；(b) 放电痕迹

避雷器典型故障案例分析

(a)   (b)   (c)

图 3-6 下 2 节电容器管脱落

(a) 现场检测 1；(b) 现场检测 2；(c) 脱落情况

三、故障原因分析

通过解体分析判断，此次避雷器故障主要是由于电容管上下固定螺栓不可靠，避雷器电容器管的固定螺栓在运输过程中松动，从而导致电容器管的松动或脱落，其电容量增长；投入运行后，在电压升高后存在稳定的连续性放电，造成温度升高。

四、经验总结

优化电容器管的固定方式，修改固定电容器管零件图纸，将原有的上下螺栓简单固定改为上下卡入平板后再用螺栓固定，使电容器管的连接方式更加可靠。

案例 16 220kV GIS 避雷器因内部焊接工艺不良导致内部放电

一、故障情况说明

1. 故障概述

2012 年 8 月 29 日，某公司在对投运 1 个月的某 220kV 变电站巡检时，发现 220kV GIS Ⅱ段母线的 C 相气室内有异响，进行 SF_6 分解产物检测后发现二氧化硫

66

（SO_2）含量为 1.41μL/L，超过相关标准要求。随后立即开展超声波局部放电检测和特高频局部放电检测，图谱均显示 C 相气室有能量较高的悬浮放电缺陷。9 月 3、4 日，又对该间隔开展两次检测，发现 SO_2 含量增长迅速，随即申请 220kV Ⅱ段母线停电，并计划于 9 月 5 日对三相避雷器气室进行检修。

2. 故障设备基本情况

故障避雷器型号为 Y10WF-204/532，2010 年 4 月生产，2012 年 7 月投运。

二、故障检查情况

1. 试验检测情况

（1）SF_6 气体分解产物检测。2012 年 8 月 29 日，该间隔的 SF_6 分解产物检测数据见表 3-2，结果显示，SO_2 含量为 1.41μL/L，超过《输变电设备状态检修试验规程》（Q/GDW 1168—2013）规定的 1μL/L 注意值；随后对该间隔的连续跟踪检测显示，自 9 月 3 日晚起 SO_2、H_2S 气体浓度明显增大。

表 3-2　　　　　　　SF_6 气体分解产物检测数据　　　　　　　（μL/L）

检测时间	SO_2 浓度	H_2S 浓度
2012.08.29	1.4	0
2012.09.03 14 时	5.8	0
2012.09.03 20 时	106	0
2012.09.04	578	110

（2）超声波局部放电检测。8 月 29 日，对该母线避雷器三相分别进行检测，背景信号幅值小于 10mV，连续检测图谱如图 3-7～图 3-9 所示，由图可见，三相连续图谱 100Hz 相关性均大于 50Hz 相关性，且 C 相信号峰值为 4500mV，远大于 A、B 两相。

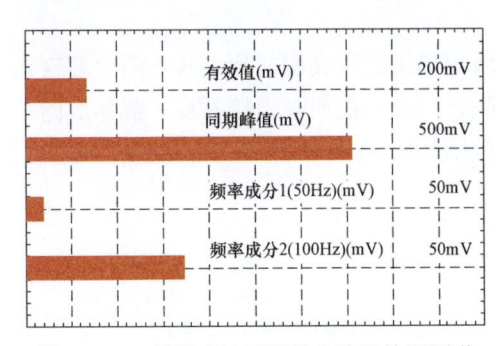

图 3-7　A 相超声波局部放电连续检测图谱　　　图 3-8　B 相超声波局部放电连续检测图谱

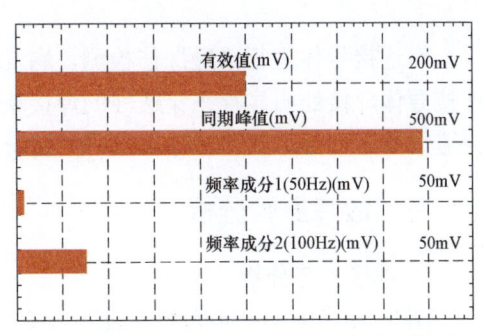

避雷器典型故障案例分析

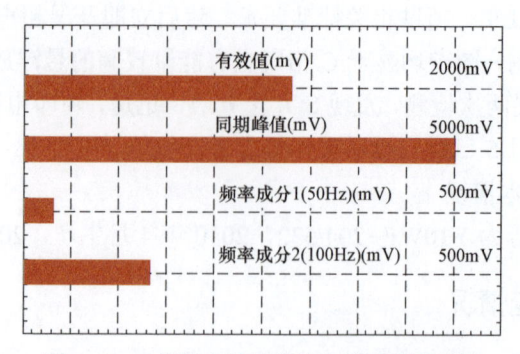

图 3-9 C 相超声波局部放电连续检测图谱

2. 解体检查情况

该型号 GIS 母线避雷器连接导体通过底部绝缘筒固定在避雷器底法兰上，顶部插入到绝缘子屏蔽球内，具体结构如图 3-10 所示。此次解体检查了该母线三台避雷器，经解体检查未发现阀片组、均压球等存在异常，对其连接导体检查时发现异常。

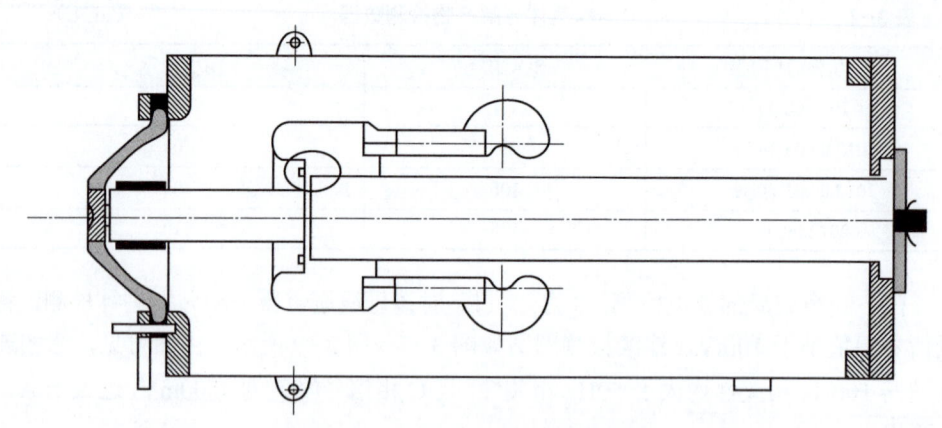

图 3-10 GIS 母线避雷器结构示意图

对连接导体进行渗透探伤检测，均发现焊接工艺不良的问题；其中两台避雷器连接导体焊接处明显存在穿透性的焊接缺陷，一台存在局部焊接不良。解体后的三台避雷器连接导体及喷涂显影剂后的情况分别如图 3-11 和图 3-12 所示。

三、故障原因分析

1. 焊接工艺分析

图 3-13 和图 3-14 为异常设备焊接工艺设计图，由图可见，导体筒与安装盘的连接仅依靠焊接，且采用外侧角焊接，可靠性较差。如焊接工艺存在问题，极易造

第三章 避雷器因内部应力引发的故障

图 3-11 解体后的三台避雷器连接导体

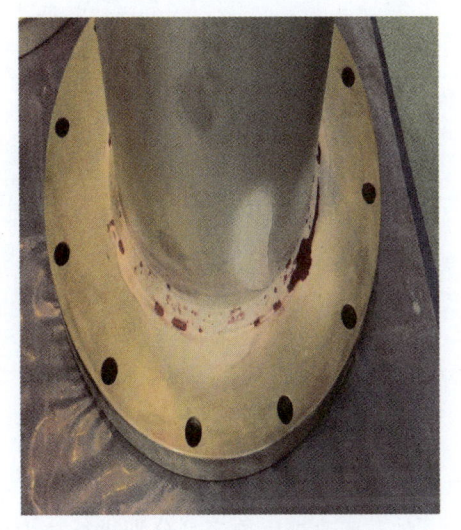

图 3-12 导体喷涂显影剂后情况

成裂缝甚至脱焊。

图 3-13 导体焊接方式

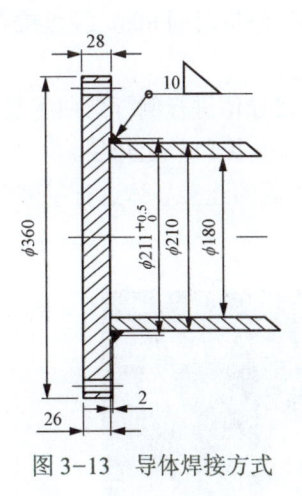

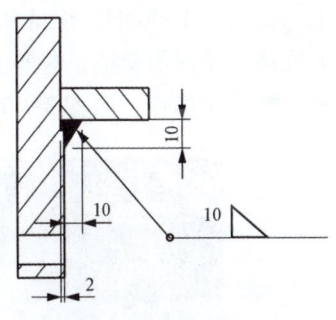

图 3-14 角焊接详图

2. 无损探伤检测分析

而根据渗透无损探伤检测的结果来看，该避雷器导体焊接工艺不良，存在裂缝、砂眼甚至穿透性的脱焊，这也是导致此次故障的主要原因。

针对连接导体设计不可靠的问题，联系厂家对原焊接方案进行改进，连接方式由原来导体与安装盘仅依靠单侧焊点连接的方式改进为"套筒式"的插接方式，焊接方式由单外侧角焊接改为双"V"形坡口焊接，焊缝高度由 10mm 增大到 15mm，工艺改进后的焊接方案如图 3-15 和图 3-16 所示。

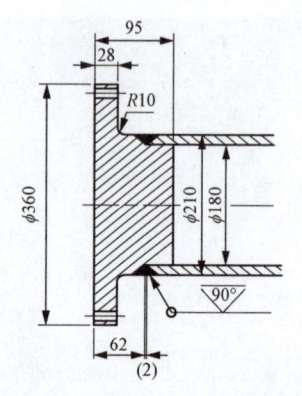

图 3-15 工艺改进后导体焊接方式 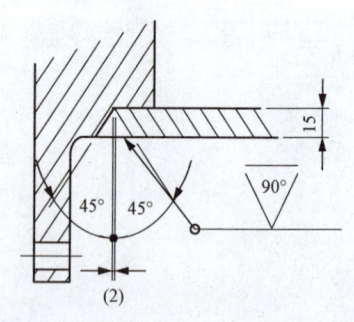　　图 3-16 双"V"形坡口焊接详图

3. 试验验证情况

对工艺改进后的产品分别进行拉力抗弯试验验证及拉后的无损探伤，验证了此次改进后的连接导体满足要求。

（1）拉力抗弯试验验证。

1）例行弯曲强度验证试验：施加载荷 7800N，保持时间 90s，经过检查，导体焊口处无开焊、裂缝等缺陷，满足要求。

2）增大拉力试验：为了验证导体的更高强度，在导体进行例行弯曲耐受试验后，将所施加力提高至 15000N，保持 90s 后，检查导体及焊口，无开裂。

（2）渗透无损探伤验证。对弯曲耐受能力试验后的连接导体进行了着色探伤检查，未发现焊接缺陷点，如图 3-17 所示。

图 3-17 着色探伤检查情况

四、经验总结

（1）通过优化 GIS 避雷器连接设计及焊接设计，可有效提高焊接点的可靠性。

（2）生产厂商应提高相关部件的工艺质量。

案例 17 换流站避雷器阀片质量缺陷导致避雷器爆炸

一、故障情况说明

1. 故障概述

2014 年 6 月 25 日 4 时 47 分左右，某换流站开展大地回线运行方式向金属回线运行方式转换试验。在金属回线转换开关（MRTB）0300 拉开过程中，与该开关并联的一支避雷器出线闪络爆炸的情况。事故前换流站运行工况如图 3-18 所示。

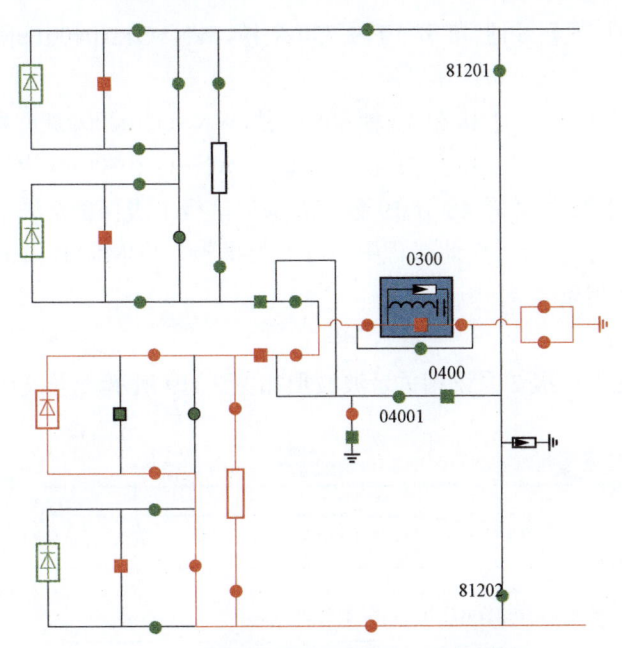

图 3-18 某换流站事故前运行工况示意图

事件发生前，直流极 2 单换流器运行，大地回线运行模式，直流电压为-400kV，系统功率为 1200MW，直流电流达到 3000A。

2. 故障设备基本情况

换流站直流场金属回线转换开关（MRTB）振荡回路共 36 支避雷器关联，设备编号为 35229745～35229780，在大地回线运行方式向金属回线运行方式转换试验中，损坏的避雷器编号为 35229765。

二、故障检查情况

1. 事件发生过程

根据报文系统，整个事件发生过程梳理如下：

2014年6月25日4时46分59秒592毫秒，该换流站下令极2金属返回；

2014年6月25日4时47分08秒450毫秒，WN-Q22(040007)/接地开关分状态产生；

2014年6月25日4时48分02秒788毫秒，P1-WP-Q18(81201)/隔离开关合状态产生；

2014年6月25日4时48分10秒750毫秒，WN-Q12(04001)/隔离开关合状态产生；

2014年6月25日4时48分16秒605毫秒，WN-Q2(0400)/断路器合状态产生；

2014年6月25日4时48分19秒429毫秒，WN-Q3(0300)/断路器分状态产生；

2014年6月25日4时48分19秒530毫秒，极1极保护系统下令金属回线转换开关MRTB保护重合，在此过程中运行人员报告，与MRTB并联的一支避雷器出现闪络、爆炸迹象。

2. 录波分析

该事件过程中，极2系统相关录波波形如图3-19所示。

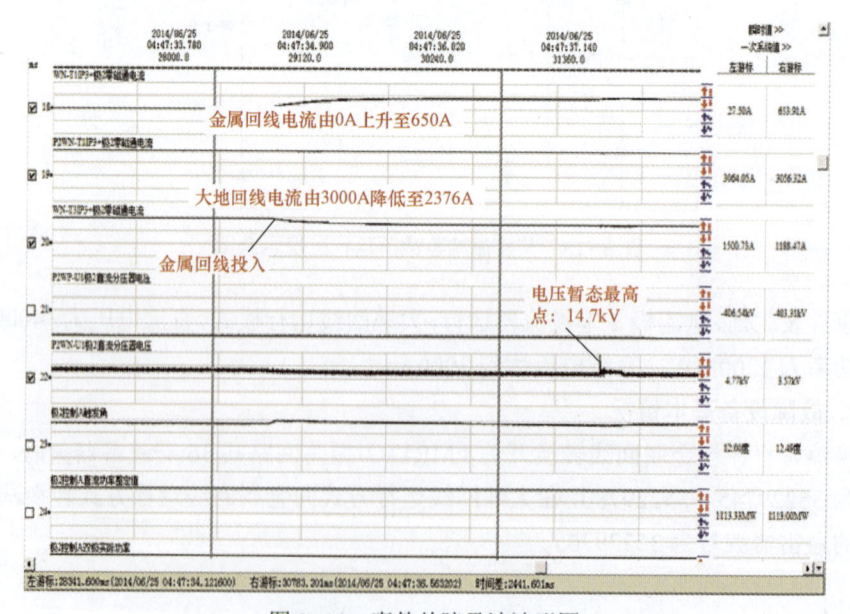

图3-19　事件故障录波波形图

由图 3-19 可知，在 0400 断路器闭合之后，金属回线投入，回流电流被大地回线以及金属回线分流。大地回线电流由 3000A 降低至 2376A，而金属回线电流由 0A 上升至 650A。

0400 断路器闭合后 3s 左右，0300 断路器拉开，断路器拉开过程中极 2 中性母线出现了最高 14.7kV 的暂态电压，电压波动持续 200ms。在电压波动期间，大地回线与金属回线电流未发现大幅度波动。

3. 现场解体检查情况

6 月 27 日，相关人员一同对损坏的避雷器进行解体检查。避雷器发生内部故障后防爆孔冲开，避雷器外壳局部有气体喷出残留在表面的痕迹。除此之外，经过对避雷器外壳的检查，未发现避雷器有外绝缘的闪络。故障避雷器如图 3-20 所示。

图 3-20 故障避雷器

经过现场解体检查发现，避雷器内部是 4 柱电阻片，避雷器内部结构整柱完好，内部发生了沿面闪络，阀片外壁及绝缘筒内壁附着黑色炭化物，部分阀片沿面有电弧烧蚀的痕迹。避雷器内部和阀片沿面灼伤情况分别如图 3-21 和图 3-22 所示。

图 3-21 避雷器内部情况　　图 3-22 阀片沿面灼伤情况

避雷器内部为4柱并联结构，分别以85、86、87、88标号；其中，86柱共有10片阀片沿面灼伤、85柱共有9片阀片沿面灼伤、87柱共有4片阀片沿面灼伤、88柱未有阀片沿面灼伤，如图3-23和图3-24所示。

图3-23　阀片柱编号

图3-24　各柱阀片检查情况

为检查避雷器密封性能，打开避雷器盖板，检查密封圈情况，在胶圈和金属粘接面未发现明显陈旧痕迹，如图3-25所示。

图3-25　避雷器密封检查情况

三、故障原因分析

（1）根据直流断路器工作原理及断路器型式试验结果，当MRTB灭弧后，在避雷器两侧会出现持续5～10ms左右的过电压，导致避雷器动作。根据该型号避雷器参数，推测残压数值在100kV左右。

（2）根据换流站直流场中性极线分压器安装位置，认为该分压器可以大体反映 MRTB 阀侧中性母线对地电压。忽略 MRTB 接地极线路侧电压，可以认为该分压器能够反映 MRTB 并联避雷器所承受的电压。

（3）根据此次事件录波，直流断路器动作过程中，仅在断路器拉开时刻，中性母线直流分压器测量到 14.7kV 的尖峰过电压（录波装置采样率约为 5000Hz），此后电压迅速降低至 7kV 左右。据此，怀疑直流断路器断弧的初始时刻该支避雷器内表面出现闪络，在此后的 200ms 内，有 2300A 左右的电流以电弧形态持续流过避雷器内表面，导致避雷器内部分材料气化，并产生炭化分解物；分解物附着在避雷器内腔的阀片和内壁上，产生的气体冲破了防爆膜，并在避雷器硅橡胶外套伞裙上留下痕迹。

（4）在现场对故障避雷器进行解体检查，发现避雷器首末两端防爆膜冲开，但避雷器密封完好，绝缘子外表面没有放电痕迹，有 1~2 个避雷器电阻片发生局部破碎损伤，其他电阻片和绝缘子内部有被电弧灼伤痕迹。经分析，事故原因主要是电阻片存在质量缺陷，避雷器柱间伏安特性差异较大，导致存在缺陷的电阻片击穿，引发避雷器内部放电，导致故障发生。

四、经验总结

在避雷器阀片制造过程中，应加强阀片的性能检测及制造工艺管控，提升避雷器安全性能。

案例18　220kV 主变压器避雷器因内部阀片工艺不良导致击穿

一、故障情况说明

1. 故障概述

2012 年 3 月 5 日，某变电站 220kV Ⅰ、Ⅱ 段母线通过母联 212 断路器并列运行，1 号主变压器运行于 220kV Ⅰ 段母线，2 号主变压器并列于 220kV Ⅱ 段母线，1、2 号主变压器并列运行；110kV Ⅰ 段母线、Ⅲ 段母线通过分段 113 断路器并列运行；35kV Ⅰ、Ⅲ 段母线分列运行，分段 313 断路器热备用。20 时 06 分左右，110kV ××线 152 断路器发生跳闸，1 号主变压器三侧断路器发生跳闸，35kV Ⅰ 段母线失电。供电。故障时，35kV Ⅰ 段母线无负荷。

发生跳闸后，运行人员对现场一次设备进行检查，更换故障避雷器后，对其他相关设备检查确认无异常，经调度命令对 1 号主变压器进行送电操作，于 2 时 47 分操作完毕，1 号主变压器恢复正常运行。

2. 故障设备基本情况

1号主变压器35kV侧A相故障避雷器型号为Y10W-45/126，2002年3月生产，2004年投运，持续运行电压为36kV。

二、故障检查情况

1. 外观检查情况

故障发生后，运行人员立即对跳闸情况及保护动作情况进行检查。经检查发现，1号主变压器比率差动保护动作，110kV××线152断路器接地距离Ⅰ段保护动作（故障测距4.9km）。随后对一次设备进行检查，发现1号主变压器35kV侧避雷器所在地起火，1号主变压器35kV侧A相避雷器击穿，1号主变压器本体外观检查无异常，110kV××线152断路器间隔站内设备无异常，35kV Ⅰ段设备无异常。35kV避雷器现场检查情况如图3-26所示。

图3-26　35kV避雷器现场检查情况

2. 解体检查情况

3月9日，技术人员在变电站对故障相避雷器进行解体检查，如图3-27所示。

图3-27　故障相避雷器解体检查情况
（a）解体检查；（b）内部情况

第三章　避雷器因内部应力引发的故障

经解体检查发现，阀片表面已严重炭化，但阀片完好，这表明避雷器击穿沿着阀片沿面，而不是通过阀片本体。该避雷器采用的阀片较薄且厚薄不一，如图3-28所示。

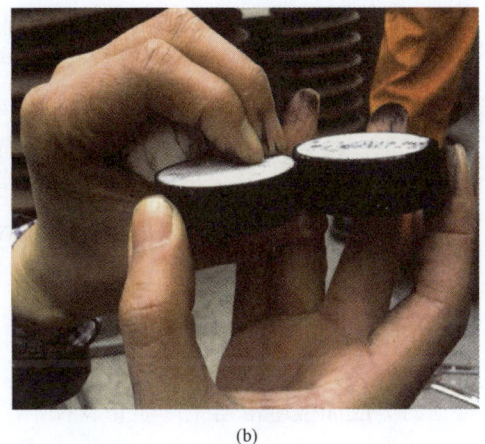

(a)　　　　　　　　　　　　(b)

图3-28　避雷器阀片检查情况

（a）解体检查；（b）内部情况

同时对该组避雷器非故障相进行解体检查，如图3-29所示。

从解体的故障相避雷器和非故障相避雷器内部来看，该批避雷器有严重缺陷：阀片沿面工艺极差，造成阀片外绝缘较低，易引起避雷器故障；另外，组装避雷器时采用的阀片较薄且厚薄不一。

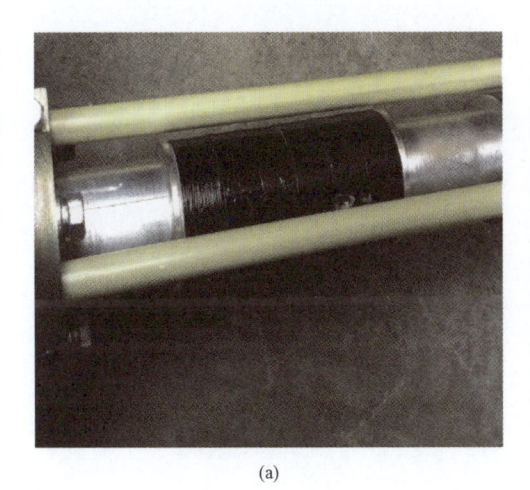

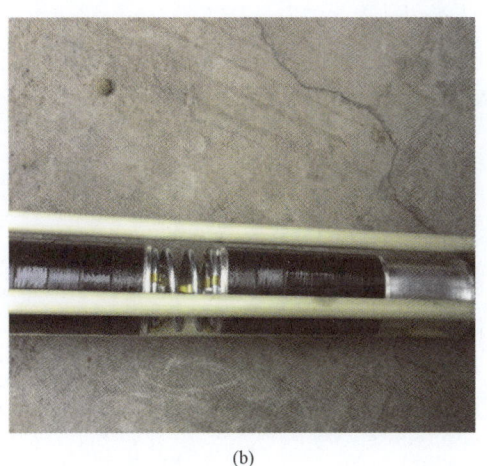

(a)　　　　　　　　　　　　(b)

图3-29　避雷器非故障相解体检查情况

（a）解体检查；（b）内部情况

三、故障原因分析

从 1 号主变压器 35kV 侧故障录波图分析，避雷器故障发生前有电压扰动。结合当日大风天气及运行人员介绍的情况（主变压器跳闸前 35kV 线路有零序电压），推断当晚 35kV 线路侧应有间歇性接地障碍，引起电压升高现象。

由故障录波及现场避雷器解体检查情况，结果显示 35kV 线路接地故障及 35kV 母线避雷器质量问题，在高电压作用下 1 号主变压器低压侧 A 相避雷器内阀片沿面闪络接地，与异相（C 相）接地形成相间短路，造成 1 号主变压器比率差动保护区内故障，引起差动保护动作，导致 1 号主变压器三侧断路器跳闸。

综上所述，此次故障的根本原因是避雷器质量不良，内部存在严重缺陷，其间接原因是避雷器参数选择不当。

四、经验总结

（1）应加强避雷器生产质量管控，严格按照相关标准要求进行检查，确保设备本质安全。

（2）应根据系统参数及电压等级，合理选择避雷器型号。